电子飞行时间及关联应用

王 超 著

科学出版社

北京

内容简介

21 世纪虽被预言是光子时代，但电子至今依然是人类认识自然界的主流媒介工具。本书以电子运动时间(包括产生时间、飞行时间及复合时间等)为总纲，讨论基于脉冲电子束时间–空间调控的相关应用技术。基于飞行时间电子能谱探测技术基础，本书首先介绍均匀磁场聚焦型飞行时间电子能谱探测技术和磁瓶型飞行时间电子能谱探测技术。其次以时间分辨率提升为主线，介绍互相关条纹相机的发展脉络，从变像管条纹相机、全光固态条纹相机直至阿秒条纹相机。最后介绍两类基于电子时域调控的电子脉冲整形技术，进一步丰富本书内容。

本书可作为激光光电子谱学、变像管条纹相机、超快电子衍射等相关领域研究人员的参考用书。

图书在版编目(CIP)数据

电子飞行时间及关联应用/王超著. —北京：科学出版社，2019. 3

ISBN 978-7-03-060007-3

Ⅰ. ①电… Ⅱ. ①王… Ⅲ. ①飞行时间谱仪–研究 Ⅳ. ①TL817

中国版本图书馆 CIP 数据核字(2018) 第 291744 号

责任编辑：杨 丹／责任校对：郭瑞芝
责任印制：张 伟／封面设计：陈 敬

科学出版社出版
北京东黄城根北街 16 号
邮政编码：100717
http://www.sciencep.com

北京凌奇印刷有限责任公司印刷

科学出版社发行 各地新华书店经销

*

2019 年 3 月第 一 版 开本：720×1000 B5
2020 年 8 月第二次印刷 印张：9
字数：180 000

定价：90.00 元

(如有印装质量问题，我社负责调换)

前　言

人类对自然界的探索最终归结为对原子、分子微观领域的研究。原子、分子的探测手段主要有电子探针、离子探针和光子探针等，其大部分实验方法的基本思想是：用一束初级粒子 (如电子、离子、光子等) 与目标原子 (或分子) 相互作用，测量从其中散射或发射的某种二次粒子 (如电子、离子、光子等) 的几个参数，如粒子的能量和 (或) 动量分布、粒子空间角度分布及自旋等，从中推出目标原子 (或分子) 所在系统的有关信息。二次粒子为电子的探测方法一般称为电子能谱，是各种探测方法中比较灵敏的一类方法。而以光子作为初级粒子的电子能谱称为光电子能谱，它是电子能谱中极其重要的一个分支。因此，以散射或发射电子为目标信息分析载体的电子动量谱学、光电子能谱学以及激光光谱学等，其研究都将涉及对电子等带电粒子能量/动量信息的探测诊断。

飞行时间是电子光学中一个非常重要的物理概念，在电子光学分析器中，常利用系统中带电粒子的物理参数对其飞行时间的色散依赖性进行粒子甄别。飞行时间能谱仪自工程上实现应用以来，在诸多领域获得了广泛的应用，整体性能的提高优化工作也一直在继续。目前，飞行时间电子能谱仪是探测光电子能谱的首选工具，在激光光电子谱学等领域发挥着不可替代的作用，其主要性能参数有能量分辨率、能量探测量程和粒子俘获角 (或收集效率)。随着强场高次谐波过程产生极紫外线/X 射线孤立阿秒脉冲技术的成熟，业界普遍预言阿秒科学将导致新的科技革命。但纵观阿秒科学的国际研究现状，无论是阿秒脉冲测量还是时间分辨诊断应用研究，飞行时间电子能谱仪都是其中不可或缺的光电子能谱探测诊断工具，被誉为该领域的“指纹工具”。阿秒光脉冲相比皮秒、飞秒光脉冲具有更宽的光谱特性，这使阿秒光电子谱学对相关飞行时间电子能谱探测技术提出了更高的要求：更高能量分辨率，更宽探测量程，更大粒子俘获角。

本书以电子的时空调控技术为主线，内容包括飞行时间电子能谱探测技术、条纹相机及条纹技术、阿秒脉冲产生及测量等。第 1 章通过引入能量分辨特征参数详细论述飞行时间电子能谱探测技术的能量分辨率基本理论，同时据此给出该技术单项或整体性能指标优化提升的基本思路。第 2 章介绍均匀磁场聚焦型飞行时间电子能谱探测技术，包括单向式飞行时间电子能谱仪、双向式折射型飞行时间电子能谱仪和双向式探针型飞行时间电子能谱仪，论述其工作原理和结构参数设置等技术细节，同时给出设计实例。第 3 章介绍磁瓶型飞行时间电子能谱探测技术，重点论述作为该技术核心的绝热非均匀磁场精密拼接。作为对飞行时间概念的应用延伸，第 4 章介绍条纹相机及条纹技术，论述的思路为：简单回顾从变像管条纹相机到原子条纹相机直至阿秒光脉冲测量技术的变迁过程中，条纹相机测量技术在提高测量时间分辨率方面所涵盖的物理机制的创新，从互相关测量技术的角度将三者统一起来，从而更加直观地说明阿秒光脉冲测量技术的工作原理。同时，这样的论述思路也将更加体现出科学发展自身存在的连续性，科学研究发展的脉络及其后面隐藏的更重要的研究方法问题，从而消除读者在理解阿秒光脉冲测量原理时可能出现的突兀感。第 5 章为阿秒脉冲的产生及测量，从电子时空调制角度介绍原子场致电离、高次谐波的产生及阿秒条纹相机等内容。第 6 章介绍两类基于电子飞行时间调制的电子脉冲整形技术，分别是准线性对称型电子脉冲整形技术和电子脉冲时域压缩静电棱镜整形技术。同时对电子脉冲 Boersch 展宽效应的分析方法进行阐述。

本书得到国家自然科学基金项目 (编号：11675258、11505289、61690222) 和陕西省人力资源和社会保障厅“留学人员科技活动择优项目”的资助。中国人民解放军空军工程大学康轶凡教授参与撰写了第 1~3 章。特别感谢赵卫、谢小平、白永林、王屹山、曾健华、王向林和徐鹏对本书工作的关注与支持。

限于作者水平，书中难免存在不足之处，恳请广大读者批评指正，邮件可发送至 gooodwang@foxmail.com。

2018 年 8 月

目 录

第1章 绪　论

1.1 概　述

飞行时间 (time-of-flight，TOF) 是电子光学中一个非常重要的物理概念，在电子光学分析器中，常利用系统中带电粒子物理参数对其飞行时间的色散依赖性进行粒子甄别。飞行时间电子能谱仪自 Stephens[1] 在理论上提出并由 Cameron 等 [2] 在工程上实现应用以来，在诸多领域获得了广泛的应用，整体性能的提高优化工作也一直在继续 [3−10]。飞行时间电子能谱仪是探测光电子能谱的首选工具，其技术原理是：电子源与探测器 (如电荷耦合器件 (charge coupled detector,CCD)) 位于相隔一定距离的空间，不同初始发射状态的电子被探测器收集时将具有不同的飞行时间，据此色散关系即可由飞行时间能谱反演出电子能谱。随着真空科学相关技术的进步，如直流高压快开关技术、高速数据采集技术、高增益复杂粒子探测器等，飞行时间能谱技术已具备角分辨 (即动量分辨) 分析功能，可用于开展固体中电子结构、晶格对称性等研究。多击响应位敏探测器 (position-sensitive detector, PSD) 可进行能量或动量分辨电子–离子符合测量研究，其中最典型的当属冷靶反冲离子动量谱仪 (cold target recoil ion momentum spectroscopy, COLTRIMS) 技术。

电子动量谱学 (electron momentum spectroscopy，EMS) 能同时、直接且准确地得到原子或分子中各电子轨道的能谱和波函数信息，是目前研究原子、分子、固体表面和薄膜微观性能最先进的实验科学 [11−15]。其基本物理图像是 $(e,2e)$ 反应：一个快入射电子与靶原子或分子发生碰撞，导致靶原子或分子的一个轨道电子被电离，同时入射电子被散射。通过符合测量这两个电子的能量和角度信息，可得到电子动量谱学的核心物理参数 ——$(e,2e)$ 反应的三重微分截面。因此，电子动量谱仪是电子动量谱学研究中最关键的设备，电子动量谱学的发展历程也正是电子动量谱仪技术在能量分辨和探测效率等性能方面提升的过程 [16−19]。电子动量谱学在研究对象和精度方面的巨大进步，与电子动量谱仪技术的更新发展密不可分：第一代 $(e,2e)$ 电子动量谱仪于 1973 年由 Weigold 等 [12] 研制成功，采用的能量色散电子光学系统为筒镜分析器。由于其在某一时刻只能得到单角度、单能量点的符合计数，探测效率极低，此外，电子动量谱仪的能量分辨率也较差，只能用来研究比较简单的原子和分子，如 C、He、H_2 等。为了提高电子动量谱仪的探测效率以使研究可涉及较小分子的价壳层轨道，通过电子动量谱仪电子光学系统优化及新型 PSD 的引入，研制了可实现能量或角度同时多道测量的第二代谱仪技术 (利用半球能量分析器或筒镜分析器产生能量色散，能量分辨率约为 1.5eV), 以及能量和角度同时多道测量的第三代谱仪技术 (利用鼓型能量分析器产生能量色散，探测角度的利用率最高约为 25%，能量分辨率为 0.5~1.5eV)。为了进一步提高探测效率和能量分辨率，以深入开展内壳层轨道、大分子以及低密度靶的相关研究，国际上研制成功了具备 2π 立体角的第四代谱仪技术，但遗憾的是，与其能量分辨距离能够完美体现 EMS 技术特色的 50~500meV 这个性能要求尚存在一定的差距，这无疑将限制电子动量谱学研究的广度和深度。因此，通过对现有谱仪技术的改进或者引入新型的系统设计，以进一步提高探测效率和能量分辨率，仍是当前及今后较长时期内 EMS 技术研究的重点。

激光的问世促进了激光光谱学的出现，而激光技术的不断发展则持续拓展了激光光谱学研究的广度和深度。超短超强脉冲激光技术的出现，将光与物质的作用研究推向了强场非线性光学机制阶段，并直接促使以从亚原子层面直接研究物理本质为特征的阿秒光谱学的出现，这被认为是 21 世纪初具有里程碑意义的重大突破，必将在 21 世纪引起一场科学界的“阿秒革命”[20−25]。阿秒光谱学的核心是极紫外阿秒光脉冲探针，其表征及应用研究的过程都要涉及靶原子/分子在阿秒光脉冲场中电离电子的探测，且电离电子能量信息是亚原子尺度阿秒研究的唯一依据。因此，电子的收集探测装置不仅是阿秒光谱学研究必备的设备，而且其探测性能直接影响甚至决定着分析测量的精度。基于阿秒产生技术基础，当前阿秒诊断研究首先要求映射仪系统具有高能量分辨率性能。同时，宽谱阿秒脉冲通过原子电离过程也将产生几乎相等能量宽度的电离电子，这要求所用映射仪系统必须同时具备高能量分辨率、高粒子收集效率以及宽探测量程等性能。另外，此类实验装置中常用真空差分抽气技术以形成满足实验要求的压强梯度。

目前，在阿秒光谱学研究方面，虽然已开展了阿秒光电子谱、阿秒瞬态吸收谱等超快诊断研究，但阿秒光脉冲也仅达到 43as 脉宽、亚纳焦脉冲能量的水平 [26]，使得其应用范围受限。从应用层面的要求考虑，产生脉宽更小、能量更高的阿秒光脉冲是当前及今后较长时间内阿秒光谱学研究的主要目标之一。根据光脉冲时间域内宽度与频谱宽度之间由傅里叶变换决定的约束关系可知，阿秒光脉冲在时间宽度上的缩短意味着在频谱上的变宽。例如，在时间域上脉宽为 24as(一个原子时间单位) 的光脉冲，其在频域内具有大约 150eV 的频谱宽度。这意味着，随着阿秒光谱学诊断研究的深入，作为其中的关键部件 —— 带电粒子动量/能量谱映射仪必须具备更高的探测性能。

同时，同步辐射光源因具有宽连续光谱范围、高强度、高亮度以及高偏振、高准直性等特性，成为众多科学技术领域进行前沿研究和创新研究不可或缺的研究平台 [27−32]。包括我国在内的许多国家将同步辐射光源加入其重大科学工程建设的范畴。立足当前研究阶段及研究内容，此科学工程相关装置在自身建设以及阶段性应用方面涉及带电粒子探测问题，如同步辐射与物质作用应用研究中发射光电子和次级离子等带电粒子探测诊断。可以确定，此类研究向纵深方向发展必然会对高性能带电粒子诊断系统提出前所未有的挑战，新技术、新方法的研究将是当前及未来世界各国研究的重点。

纵观当前使用的带电粒子动量/能量探测分析器，其动量/能量谱映射分析技术根据带电粒子在粒子源与探测器之间的运动状态，可分为无场型和含场型两种类型。目前国际上常用的动量/能量谱映射仪大多属于含场型。系统能量分辨率的提高可归结为增加带电粒子的有效飞行时间。因此，国际上常用的两种方法为增加带电粒子的有效飞行长度和降低待测电子到达探测器的能量。第一种方法可通过直接增加能谱仪系统管子的长度来实现。但在实际应用中，管子长度的增加会受到多种因素的限制，如管子内部的真空度以及实验室空间的限制等。同时，管子长度的增加会导致带电粒子接收角的减小从而降低其收集效率。基于此，国际上普遍选择更有效的方法 —— 采用特殊的元件等以在保持管子长度不变的情况下，间接地增加带电粒子的有效飞行距离，如直线反射式或弧线偏转式飞行时间能谱仪系统。第二种方法可通过在系统中引入拒斥场来实现，其缺陷是拒斥场的存在会导致系统能量探测量程与带电粒子收集效率减小。对此国际上普遍通过引入电场或磁场，或者同时引入电场和磁场的办法，以达到同时优化能谱仪的能量分辨率、能量探测量程以及带电粒子收集效率的目的，如已经得到广泛应用的双色电场型谱映射仪或者双色电磁场型谱映射仪。

在采用以上优化方法的基础上，现有的带电粒子动量/能量谱映射仪虽然能在一定的使用范围内满足当前工程要求，但提高其总体性能的瓶颈始终存在：在能够被探测器接收的前提下，不同初始状态 (包括初始能量与初始动量) 的带电粒子在被探测器接收之前都飞行了相同的有效轴向距离。在这样的系统中，轴向速度小的电子具有较长的飞行时间，这意味着系统对具有较大初始发射角的带电粒子有相对较高的能量分辨率。然而，在实际工程应用中，只有较小初始发射角的带电粒子才有较大的收集效率。同时，系统能量分辨率随待测带电粒子能量的增加而急剧恶化，这常成为限制系统能量探测量程的一个重要因素。因此，现有带电粒子动量/能量谱映射仪在能量分辨率、能量探测量程与粒子收集效率之间存在显著的负向影响作用，这是由其工作原理决定的。

对于基于带电粒子飞行时间的粒子参数分析映射技术，粒子飞行时间对待测参数的色散性直接决定该参数的探测性能。针对上述带电粒子能量谱映射技术，粒子飞行时间的能量色散性可分为单一能量的角度色散性 D_{angle} 和单一角度的能量色散性 D_{energy}。前者对系统飞行时间能量色散性呈负影响，而后者为正影响。纵观当前常用的带电粒子能量分析器，这两类色散性伴随着带电粒子的整个生命周期，且两者都随飞行时间的增加而急剧增大。本书研究的磁瓶型带电粒子能量谱映射技术，通过引入磁瓶效应中非均匀磁场对带电粒子的强准直效应，以达到在带电粒子生命周期开始阶段显著削弱单一能量的角度色散性，同时等效增加单一角度的能量色散性的目的。另外，磁瓶效应的强准直效应同时显著提高了系统对带电粒子的收集效率。因此，该技术有望将当前常用的带电粒子能谱映射技术相关参数之间的负影响降到最低，最终打破已有技术瓶颈，显著提升该类技术的综合性能。

下面将建立基于能量分辨特征参数的能量分辨率基本理论，以给出该技术单项或整体性能指标优化提升的基本思路。

1.2　飞行时间电子能谱探测技术基础

1.2.1　能量分辨率

为叙述方便同时又不失一般性，无场型飞行时间电子能谱仪示意图如图 1.1(a) 所示。电子源可视为点源且置于系统对称轴上，二维 PSD 与电子源的轴向距离为 L。

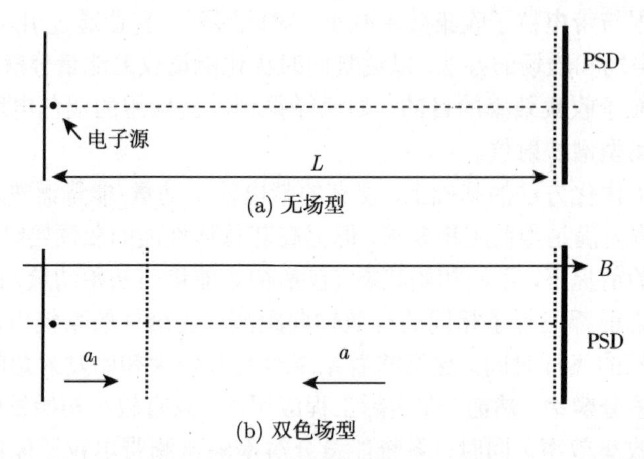

图 1.1　飞行时间电子能谱仪示意图

对于 CCD 等探测器件，由于自身物理电容效应、相关输出电子学响应特性等因素的制约，其时间响应总存在物理极限 $\Delta t_{\min}$ 。对于任一飞行时间电子能谱仪系统，电子飞行时间色散关系可描述为

$$t = f(\varepsilon_{\rm i}, \theta_{\rm i}) \tag{1.1}$$

式中，$\varepsilon_{\rm i}$ 和 $\theta_{\rm i}$ 分别为电子源发射电子的初始动能和初始出射角 (相对于系统对称轴)。初始动能分别为 ε_1 和 ε_2 的两个电子的飞行时间差为

$$\Delta t = \left| \int_{\varepsilon_1}^{\varepsilon_2} \frac{\partial t}{\partial \varepsilon_{\rm i}} {\rm d}\varepsilon \right| \tag{1.2}$$

两个电子可被分辨的条件为 $\Delta t \geqslant \Delta t_{\min}$。据此可知，$\partial t/\partial \varepsilon_{\rm i}$ 直接决定着电子飞行时间的色散特性，其与探测器的时间分辨率共同决定整个系统的能量分辨率 $\Delta\varepsilon$，这里称 $\partial t/\partial \varepsilon_{\rm i}$ 为能量分辨率特征参数。系统对初始动能为 $\varepsilon_{\rm i}$ 的电子的能量分辨率为

$$\Delta\varepsilon(\varepsilon_{\rm i}) = \Delta t_{\min} \bigg/ \left| \frac{\partial t}{\partial \varepsilon_{\rm i}} \right| \tag{1.3}$$

除无场型外，当前常用的飞行时间电子能谱仪还有双色场型，如图 1.1(b) 所示。相比无场型技术，图 1.1(b) 中轴向均匀磁场 B 和加速场 a_1 的引入是为了提升电子收集效率，而减速场 a 则是为了提高系统的能量分辨率。为定性比较两类技术的能量分辨特性，考虑 $a_1 = 0$ 的情形。两类飞行时间电子能谱仪系统的电子飞行时间色散关系如下：

$$t_{\rm drift}(\varepsilon_{\rm i}, \theta_{\rm i}) = \frac{L}{\cos\theta_{\rm i}} \sqrt{\frac{m_{\rm e}}{2\varepsilon_{\rm i}}} \tag{1.4}$$

$$t_{\rm decel}(\varepsilon_{\rm i}, \theta_{\rm i}) = \frac{1}{a} \left(\sqrt{\frac{2\varepsilon_{\rm i}}{m_{\rm e}} \cos^2\theta_{\rm i}} - \sqrt{\frac{2\varepsilon_{\rm i}}{m_{\rm e}} \cos^2\theta_{\rm i} - 2aL} \right) \tag{1.5}$$

式中，$m_{\rm e}$ 为电子质量。相应的能量分辨特征参数分别为

$$\frac{\partial t_{\rm drift}}{\partial \varepsilon_{\rm i}} = -\frac{L}{\cos\theta_{\rm i}} \sqrt{\frac{m_{\rm e}}{8\varepsilon_{\rm i}^3}} \tag{1.6}$$

$$\frac{\partial t_{\rm decel}}{\partial \varepsilon_{\rm i}} = \frac{\cos\theta_{\rm i}}{m_{\rm e} a} \sqrt{\frac{m_{\rm e}}{2\varepsilon_{\rm i}}} \left(1 - \sqrt{\frac{\varepsilon \cos^2\theta_{\rm i}}{\varepsilon_{\rm i} \cos^2\theta_{\rm i} - m_{\rm e} aL}} \right) \tag{1.7}$$

比较式 (1.6) 和式 (1.7) 可知，对于相同发射状态的电子，式 (1.7) 总具有相对较大的绝对值。这意味着图 1.1(b) 所示的双色场型飞行时间电子能谱仪具有较小的能量分辨率，也即更优的电子分析特性。但是，当电子初始状态满足条件 $\varepsilon_{\rm i}\cos^2\theta_{\rm i} \gg m_{\rm e} aL$ 时，式 (1.7) 可简化为

$$\frac{\partial t_{\rm decel}}{\partial \varepsilon_{\rm i}} \approx -\frac{L}{\cos\theta_{\rm i}} \sqrt{\frac{m_{\rm e}}{8\varepsilon_{\rm i}^3}} \tag{1.8}$$

这说明从定性角度考虑，单向式飞行时间电子能谱探测技术的能量分辨特性可由式 (1.6) 描述，其能量分辨特性随着初始能量的增大而急剧恶化。相比在第 2 章中要介绍的双向式能谱探测技术，这里需要特别指出其能量分辨特性的内在关联机

制: 无论电子具有怎样的初始发射状态，在被探测器俘获之前均经历了相同的轴向距离，使得高能电子飞行时间与初始能量的色散关系曲线趋于平坦，最终导致探测器对高能电子的甄别性能急剧变差。结合式 (1.3) 和式 (1.6) 可知，对于单向式飞行时间电子能谱探测技术，其能量分辨特性的优化思路有三条。第一条是采用具有更小时间响应物理极限 $\Delta t_{\min}$ 的探测器。第二条是增大电子源与探测器之间的轴向距离，即采用更长的能谱仪系统。但实际应用中受实验室条件的限制，典型轴向距离的长度为 0.5～5m。第三条是在系统中引入拒斥场，通过降低电子的渡越能量以增加其有效飞行时间，据此等效增大电子飞行时间随初始能量的色散性。此类方法的缺点是，拒斥场的引入将使部分低能电子不能被探测器俘获，从而减小了系统的探测量程。

1.2.2 能量重建

这里仍然以图 1.1 所示的当前常用的飞行时间电子能谱仪为例，系统对称轴沿直角坐标系的 Z 轴方向。在轴向均匀磁场 B 的作用下，从电子源出射的电子做螺旋运动直至被探测器俘获 (图 1.2)，探测器记录电子的飞行时间 t 和撞击位置 (x, y) 信息。

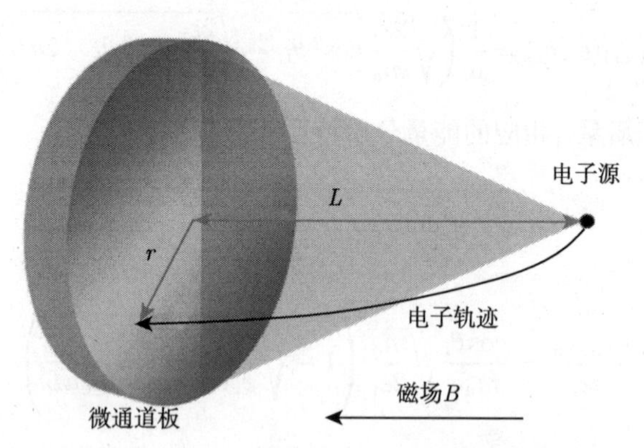

图 1.2 电子在磁场约束下的三维螺旋运动

若进行运动分解，则电子在横向做圆周运动，如图 1.3 所示。其中，初始径向速度 v_r 与 X 轴的夹角为 α，$R_{\rm i}$ 和 $\omega = Be/m_{\rm e}$ 分别为圆周运动的半径和频率，(0,0) 是探测器中心且位于系统对称轴 OO' 上，O'' 是圆周运动的中心。由图 1.3 中的几何关系可得

$$R_{\rm i} = \frac{r}{2\left|\sin\dfrac{\omega t}{2}\right|} \tag{1.9}$$

进一步可得电子的初始径向动量 p_r 为

$$p_r = \frac{m_e \omega r}{\left| 2\sin\frac{\omega t}{2} \right|}$$

利用角度关系 $\gamma = \omega t/2$ 与 $\alpha = \phi - \gamma$，可得 X、Y 方向的动量分量如下：

$$p_X = \frac{m_e \omega}{2}\left[x\cot\frac{\omega t}{2} + y \right] \tag{1.10}$$

$$p_Y = \frac{m_e \omega}{2}\left[y\cot\frac{\omega t}{2} - x \right] \tag{1.11}$$

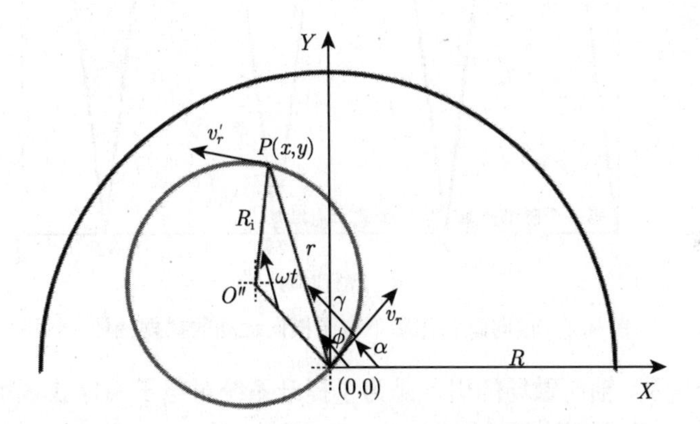

图 1.3 电子在磁场约束下的横向二维圆周运动

电子轴向动量分量 p_Z 可由其飞行时间色散关系即式 (1.4) 或式 (1.5) 求得。因此，由探测器处记录的电子飞行时间和撞击位置信息即可反演出电子从电子源出射的初始能量信息 (显然也可得出其初始角度信息)：

$$\varepsilon_i = \frac{p_X^2 + p_Y^2 + p_Z^2}{2m_e} \tag{1.12}$$

1.2.3 参数 B 的设置

由式 (1.10) 和式 (1.11) 可知，进行电子初始能量反演重建的条件是俘获电子的飞行时间均位于同一磁节点域。根据图 1.3 可得电子横向运动的摇摆曲线，如图 1.4 所示，其中，$r = 0$ 的时刻即为磁节点，两个磁节点之间的时间范围就是一个时间域。磁节点在空间上位于探测器中心位置 $x = y = 0$，落入该位置电子的初始状态将无法得到反演重建，因此称为探测黑洞。假定 $t_{\max}$ 和 $t_{\min}$ 为电子源电子在系统中飞行时间的两个极值，那么前述能量重建条件为

$$t_{\max} \leqslant kT \tag{1.13}$$

$$t_{\min} \geqslant (k-1)T \tag{1.14}$$

式中，k 为整数；$T=(2\pi m_{\mathrm{e}})/(eB)$ 为电子圆周运动周期。据此即可确定参数 B 的取值范围。

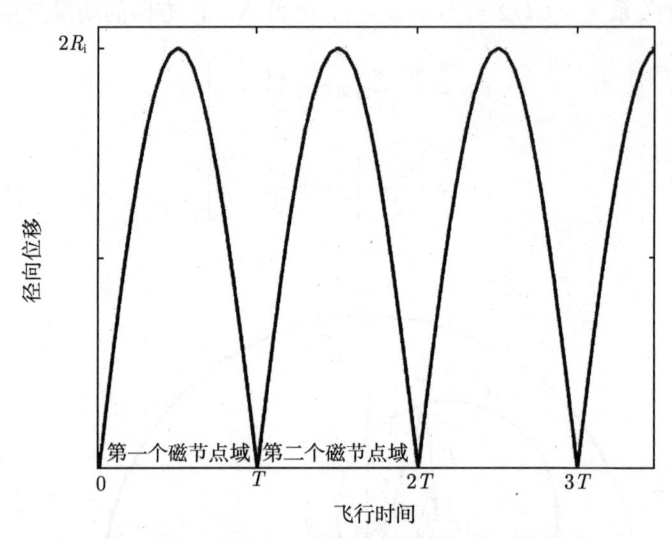

图 1.4　轴向磁场作用下电子横向运动的摇摆曲线

前面已经提及，轴向磁场的引入是为了提升系统对电子的俘获效率，其定性分析如图 1.5 所示，为方便比较，假定 $a_1=a=0$ 。由图 1.5 可知，轴向磁场能抑制电子的横向扩张运动，从而使具有更大径向速度的电子也可被探测器接收，即可获得更高的粒子收集效率。

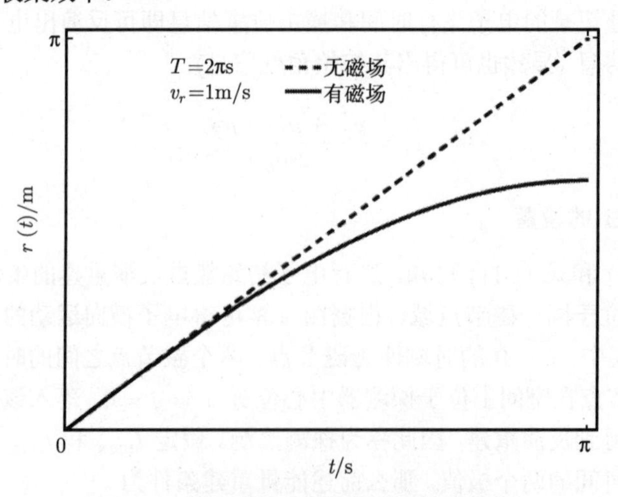

图 1.5　轴向磁场对电子的横向约束效应

参考文献

[1] STEPHENS W E. A pulsed mass spectrometer with time dispersion[J]. Physical Review, 1946, 69(11): 691.

[2] CAMERON A E, EGGERS D F. An ion velocitron[J]. Review of Scientific Instruments, 1948, 19(9): 605–607.

[3] WOLFF M M, STEPHTENS W E. A pulsed mass spectrometer with time dispersion[J]. Review of Scientific Instruments, 1953, 24(8): 616–617.

[4] FRANKLIN J L, HIERL P M, WHAN D A. Measurement of the translational energy of ions with a time-of-flight mass spectrometer[J]. Journal of Chemical Physics, 1967, 47(9): 3148–3153.

[5] KRUIT P, READ F H. Magnetic field paralleliser for 2π electron spectrometer and electron-image magnifier[J]. Journal of Physics E: Scientific Instruments, 1983, 16: 313–324.

[6] BHOWMICK A, GADKARI S C, YAKHMI J V, et al. Development of a new high resolution reflectron time-of-flight mass spectrometer[J]. Founder's Day Special Issue, 2005, 6(261): 61–71.

[7] GISSELBRECHT M, HUETZ A, LAVOLLEE M, et al. Optimization of momentum imaging systems using electric and magnetic fields[J]. Review of Scientific Instruments, 2005, 76(1): 013105-1–013105-8.

[8] UNRUH T, NEUHAUS J, PETRY W. The high-resolution time-of-flight spectrometer TOFTOF [J]. Nuclear Instruments & Methods in Physics Research, Section A: Accelerators, Spectrometers, Detectors, and Associated Equipment, 2007, 580: 1414–1422.

[9] PICARD A, BACKE H, BARTH H, et al. A solenoid retarding spectrometer with high resolution and transmission for keV electrons[J]. Nuclear Instruments & Methods in Physics Research, Section B: Beam Interactions with Materials and Atoms, 2007, 63: 345–358.

[10] ZHANG Q, ZHAO K, CHANG Z H. High resolution electron spectrometers for characterizin the contrast of isolated 25as pulses[J]. Journal of Electron Spectroscopy and Related Phenomena, 2014, 195: 48–54.

[11] MCCARTHY I E, WEIGOLD E. Electron momentum spectroscopy of atoms and molecules[J]. Reports on Progress in Physics, 1991, 54: 789–879.

[12] WEIGOLD E, HOOD S T, TEUBNER P J O. Energy and angular correlations of the scattered and ejected electrons in the electron-impact ionization of argon[J]. Physical Review Letters, 1973, 30(11):475–478.

[13] COOK J P D, MCCARTHY I E, STELBOVICS A T, et al. Non-coplanar symmetric $(e, 2e)$ momentum profile measurements for helium: An accurate test of helium wavefunctions[J]. Journal of Physics B: Atomic and Molecular Physics, 1984, 17: 2339–2352.

[14] ZHENG Y, COOPER G, TIXIER S, et al. 2π gas phase multichannel electron momentum spectrometer for rapid orbital imaging and multiple ionization studies[J]. Journal of Electron Spectroscopy and Related Phenomena, 2000, 112: 67–91.

[15] REN X G, NING C G, DENG J K, et al. $(e, 2e)$ electron momentum spectrometer with high sensitivity and high resolution[J]. Review of Scientific Instruments, 2005, 76(6): 063103-1–063103-8.

[16] SHAN X, CHEN X J, ZHOU L X, et al. High resolution electron momentum spectroscopy of dichlorodifluoromethane: Unambiguous assignments of outer valence molecular orbitals[J]. Journal of Chemical Physics, 2006, (15): 154307-1–154307-4.

[17] YAMAZAKI M, OISHI K, NAKAZAWA H, et al. Molecular orbital imaging of the acetone S2 excited state using time-resolved (*e*,2*e*) electron momentum spectroscopy[J]. Physical Review Letters, 2015, 114(10): 103005-1–103005-5.

[18] LI J M, LUO Z H, CHEN X L, et al. Electron-impact ionization-excitation of the neon calence shell studied by high-resolution electron-momentum spectroscopy[J]. Physical Review A, 2015, 92(3): 032701-1–032701-5.

[19] SHI Y F, SHAN X, WANG E L, et al. Electron momentum spectroscopy of outer valence orbitals of 2-fluoroethanol[J]. Chinese Journal of Chemical Physics, 2015, 28(1): 35–42.

[20] CORKUM P B, CHANG Z H. The attosecond revolution[J]. Optics and Photonics News, 2008, 19(10):24–29.

[21] KRAUSZ F, STOCKMAN M I. Attosecond metrology: from electron capture to future signal processing[J]. Nature Photonics, 2014, 8(3): 205–213.

[22] SCHULTZE M, RAMASESHA K, PEMMARAJU C D, et al. Attosecond band-gap dynamics in silicon[J]. Science, 2014, 346(6215):1348–1352.

[23] NEPPL S, ERNSTORFER R, CAVALIERI A L, et al. Direct observation of electron propagation and dielectric screening on the atomic length scale[J]. Nature,2015, 517:342–346.

[24] BUCKSBAUM P H. The future of attosecond spectroscopy[J]. Science, 2007, 317: 766–769.

[25] VRAKKING M J J. Attosecond imaging[J]. Physical Chemistry Chemical Physics, 2014, 16(7) 2775–2789.

[26] GAUMNITZ T, JAIN A, PERTOT Y, et al. Streaking of 43-attosecond soft-X-ray pulses generated by a passively CEP-stable mid-infrared driver[J]. Optics Express, 2017, 25: 27506–27518.

[27] SUZUKI M, BARON A, GOTO S, et al. Preparing for the future: Twelfth APS/ESRF/Spring-8 three-way meeting[J]. Synchrotron Radiation News, 2011, 24(1): 12–15.

[28] 马礼敦，杨福家. 同步辐射应用概论[M]. 上海：复旦大学出版社, 2001.

[29] 秦玉，樊春海，黄庆，等. 大科学装置同步辐射光源在生命分析化学中的应用[J]. 中国科学：化学, 2010, 40(1)：22–30.

[30] EMMA P, AKRE R, ARTHUR J, et al. First lasing and operation of an Ångström-wavelength free-electron laser[J]. Nature Photonics, 2010, 4: 641–647.

[31] ISHIKAWA T, AOYAGI H, ASAKA T, et al. A compact X-ray free-electron laser emitting in the sub-Ångström region[J]. Nature Photonics, 2012, 6: 540–544.

[32] MOTOMURA K, KUKK E, FUKUZAWA H, et al. Charge and nuclear dynamics induced by deep inner-shell multiphoton ionization of CH_3I molecules by intense X-ray free-electron laser pulses[J]. Journal of Physical Chemistry Letters, 2015, 6(15): 2944–2949.

第2章　均匀磁场聚焦型飞行时间电子能谱探测技术

2.1　单向式飞行时间电子能谱探测技术

2.1.1　工作原理

气态物质是激光光电子谱学的重要研究对象。随着激光波长向短波段持续延伸，物质光电离截面急剧减小，这需要较高的局部气体密度以得到较多的光电子从而提高探测数据的信噪比。例如，在当前气体靶阿秒光电子谱学研究中，局部气体压强要求在 10^{-2}Pa 量级。而常用的 PSD 等光电子感应器件需要更高的真空度 (10^{-4}Pa 量级或更低)，因而此类实验装置中常用差分抽气技术以满足实验要求。本小节介绍的具有截锥形端部的飞行时间电子能谱仪示意图如图 2.1 所示。其中，第一与第二栅网之间电子减速场的引入是为了得到较高的能量分辨率，而 PSD 之前的加速场的引入则是为了提高电子的撞击速度，以便在微通道板中形成更多的二次电子，同时引入轴向均匀磁场 B 以增大电子收集效率。

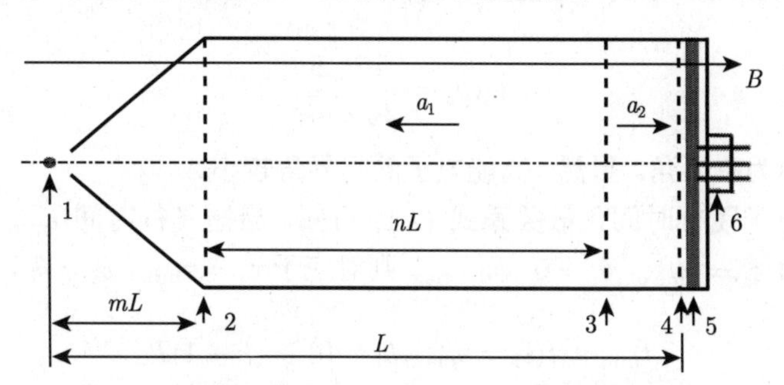

图 2.1　截锥形端部的飞行时间电子能谱仪示意图[1]

1-电子源；2, 3, 4-栅网；5-PSD；6-数据线

在能谱仪系统中，电子源处朝 PSD 出射的电子将在电场和磁场共同作用下，做螺旋运动直至被探测器俘获，其飞行时间信息 t 和撞击位置信息 (x, y) 被记录下来。对于初始能量为 ε_i、初始出射角为 θ_i 的电子，其飞行时间色散关系如下：

$$t(\varepsilon_\mathrm{i},\theta_\mathrm{i}) = \frac{mL}{\cos\theta_\mathrm{i}}\sqrt{\frac{m_\mathrm{e}}{2\varepsilon_\mathrm{i}}} + \frac{1}{a_1}\left(\sqrt{\frac{2\varepsilon_\mathrm{i}\cos^2\theta_\mathrm{i}}{m_\mathrm{e}}} - \sqrt{\frac{2\varepsilon_\mathrm{i}\cos^2\theta_\mathrm{i}}{m_\mathrm{e}} - 2nLa_1}\right)$$

$$+\frac{1}{a_2}\left[\sqrt{\frac{2\varepsilon_{\rm i}\cos^2\theta_{\rm i}}{m_{\rm e}}-2nLa_1+2a_2L(1-m-n)}-\sqrt{\frac{2\varepsilon_{\rm i}\cos^2\theta_{\rm i}}{m_{\rm e}}-2nLa_1}\right] \tag{2.1}$$

式中，$m_{\rm e}$ 为电子质量; a_1 与 a_2 是电子在有场区的加速度。由式 (2.1) 可推知该系统的能量分辨特征参数，以及其能量分辨性能具备调谐性，L、m、n、a_1 和 a_2 均为调谐参数。下面重点分析此类双色场型飞行时间电子能谱仪在实际应用中要注意的几个关键问题，如轴向磁场 B 的选择，电子源与截锥形端小孔的相对距离 $s_{\rm c}$ 以及小孔尺寸 $r_{\rm c}$ 的确定。

2.1.2 参数 B 的设置

有关轴向磁场设置的基本思路，1.2.3 小节已做了阐述，关键是确定所有待测电子飞行时间函数的极值 $t_{\min}$ 和 $t_{\max}$。假定 PSD 的半径为 R_0，待测电子初始能量范围为 $\varepsilon_{\min}\sim\varepsilon_{\max}$。对于初始发射状态为 $\varepsilon_{\rm i}$ 和 $\theta_{\rm i}$ 的电子，在磁场约束下其横向运动半径 R 为

$$R=\frac{\sin\theta_{\rm i}}{Be}\sqrt{2m_{\rm e}\varepsilon_{\rm i}} \tag{2.2}$$

如果此时先不考虑截锥形端对电子的拦截过程，那么只有满足条件 $2R\leqslant R_0$ 的电子才能被探测器俘获，这使得不同初始能量的电子将具有不同的最大发射角 $\theta_{\rm c}$，且

$$\sin\theta_{\rm c}=\frac{eR_0B}{2\sqrt{2m_{\rm e}\varepsilon}} \tag{2.3}$$

式中，$\theta_{\rm c}$ 又称为临界角。显然，高能电子的临界角较小。

由系统电子飞行时间色散关系式 (2.1) 可知，最短飞行时间 $t_{\min}$ 所对应的电子初始状态为 $\varepsilon_{\rm i}=\varepsilon_{\max}$，$\theta_{\rm i}=0$，而 $t_{\max}$ 则对应于 $\varepsilon_{\rm i}=\varepsilon_{\min}$，$\theta_{\rm i}=\theta_{\rm c}$，即

$$t_{\min}=t(\varepsilon_{\rm i}=\varepsilon_{\max},\theta_{\rm i}=0)\geqslant(k-1)T \tag{2.4}$$

$$t_{\max}=t(\varepsilon_{\rm i}=\varepsilon_{\min},\theta_{\rm i}=\theta_{\rm c})\leqslant kT \tag{2.5}$$

联立式 (2.4) 和式 (2.5) 即可求得对应于 k 的磁场 B 范围。为了进一步确定 k 的范围，可考虑初始状态为 $\varepsilon_{\rm i}=\varepsilon_{\min}$，$\theta_{\rm i}=0$ 的电子。令其飞行时间为 t_0，则 t_0 也应该落在同一磁节点域中，即

$$t_0<kT \tag{2.6}$$

联立式 (2.4) 和式 (2.6) 可得

$$k<\frac{t_0}{t_0-t_{\min}} \tag{2.7}$$

2.1.3 差分抽气孔参数设置

在上述关于轴向磁场设置的分析论述中，没有考虑截锥形端形状对电子能谱仪整体性能的影响。但实际情况却是，截锥形端形状的选择将直接影响系统的电子收集效率及差分抽气效率：较小的差分抽气孔将提高差分抽气的效率，增大电子被系统壁拦截的概率从而降低电子收集效率。在以下分析中，假定电子源位于笛卡儿坐标系的原点 $(x=0, y=0, z=0)$，差分抽气孔的半径及相对电子源的位置参数分别为 r_c 和 s_c。

电子在截锥形端的漂移区 (图 2.1 中轴向长度为 mL 的部分) 中仅受磁场作用，径向运动和轴向运动可分别描述为

$$r = \frac{2\sin\theta_i\sqrt{2m_e\varepsilon_i}}{Be}\sin\left(\frac{\omega t}{2}\right) \tag{2.8a}$$

$$s = \frac{t\sqrt{2m_e\varepsilon_i}\cos\theta_i}{m_e} \tag{2.8b}$$

进而可得电子螺旋运动的摇摆曲线为

$$r = R_0\sin\left(\frac{\tan\theta_i}{R_0}s\right) \tag{2.9}$$

由此可知，只要具有最大初始发射角的电子能自由通过漂移区，则所有电子均不会被拦截而损失。因此该类电子在系统中的运动轨迹是参数 r_c 和 s_c 设置的依据。由式 (2.3) 可知，$\theta_{max} = \theta_c(\varepsilon_i = \varepsilon_{min})$。根据 θ_{max} 与 α (截锥形端结构参数) 的相对大小，由图 2.2 可得参数 r_c 与 s_c 的依赖关系。当 $\theta_{max} > \alpha$ 时，有

$$r_c = \begin{cases} R_0\sin\left(\dfrac{\tan\theta_{max}}{R_0}s_c\right), & s_0 < s_c < mL \\ \dfrac{R_0 - r_0}{mL - s_0}(s_c - s_0) + r_0, & 0 < s_c \leqslant s_0 \end{cases} \tag{2.10}$$

当 $\theta_{max} \leqslant \alpha$ 时, 有

$$r_c = R_0\sin\left(\frac{\tan\theta_{max}}{R_0}s_c\right), \quad 0 < s_c < mL \tag{2.11}$$

差分抽气孔参数对漂移区轴向长度的依赖关系如图 2.3 所示。由图可知，对于某一允许的最大接收角 θ_{max}，具有较大参数 α 的能谱仪截锥形端结构设置将使其具有较小的孔半径，如 C_2。因此在实际应用中，常选择 $\theta_{max} \leqslant \alpha$ 以使截锥形端具有较小的孔半径，以便达到较高的真空差压抽气效率。但同时引发了另一个问题：相比 C_1，C_2 更容易由于两边的压强差而损坏。因此，在此类双色场型能谱仪的设计过程中，要根据其实际应用环境选择合适的结构参数。

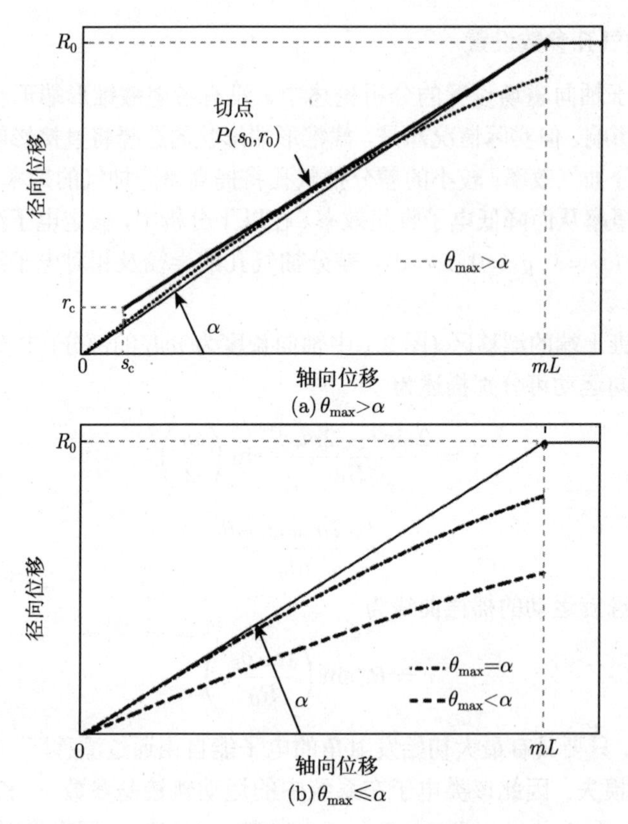

图 2.2　差分抽气孔参数的确定

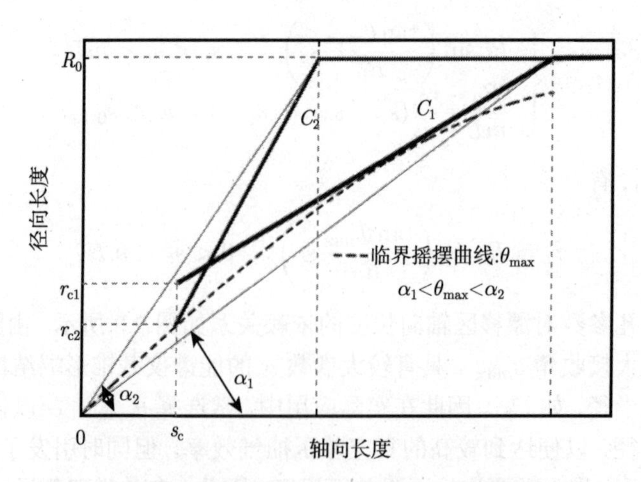

图 2.3　差分抽气孔参数对漂移区轴向长度的依赖关系

2.1.4 设计实例

为了直观理解单向式飞行时间电子能谱探测技术的原理及使用方法，这里给出设计实例。如图 2.1 所示，基本参数设置如下：$R_0 = 20\text{mm}$，$L = 200\text{mm}$，$m = 0.2$，$n = 0.7$，$a_1 = 7.5 \times 10^{12}\text{m/s}^2$，$a_2 = 5.0 \times 10^{13}\text{m/s}^2$。靶材气体为氖气，电离势为 $I_\text{p} = 21.6\text{eV}$；激发光源为由强场高次谐波过程产生的单个孤立极紫外阿秒脉冲，连续光谱范围为 22.6~31.6nm。据此可知其电离光电子能量范围为 17.15~32.65eV。在电离实验中，阿秒脉冲焦斑约为 1μm，因此由电离产生的电子源可完全视为点源。

根据上述参数，通过求解式 (2.4)、式 (2.5) 和式 (2.7) 可得到不同磁节点域所对应的轴向磁场设置范围，如表 2.1 所示。设置参数 $B = 6.8\text{Gs}(1\text{Gs}=10^{-4}\text{T})$ 和 $B = 3.8\text{Gs}$，不同初始能量临界电子的摇摆曲线如图 2.4 所示。由图可知磁场参数设置思路的合理性。

表 2.1 轴向磁场 B 的设置范围

k	$B_\text{min}\,[\theta_\text{c}\,(17.15\text{eV}), t_\text{min}, t_\text{max}]$	$B_\text{max}\,[\theta_\text{c}\,(17.15\text{eV}), t_\text{min}, t_\text{max}]$
1	—	3.8492Gs $[16.0°, 0.66T, 1.00T]$
2	5.8158Gs $[24.6°, 1.00T, 1.62T]$	6.8129Gs $[29.2°, 1.17T, 2.00T]$

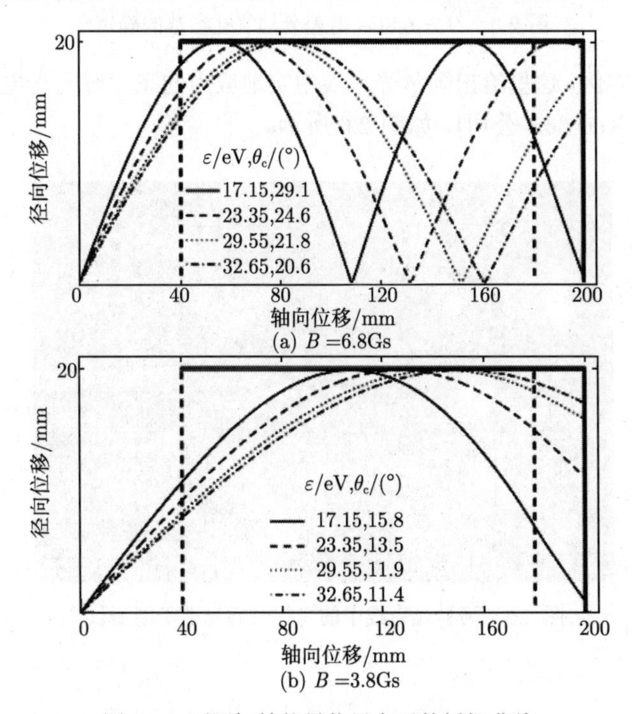

图 2.4 不同初始能量临界电子的摇摆曲线

因为较大的磁场对应较高的电子收集效率，所以在下述差分抽气孔参数设置的分析中取 $B = 6.8\text{Gs}$。截锥形端结构参数 $\alpha = 26.6°$，设定磁场允许的系统最大收集角即为最小初始能量电子的临界角，即 $\theta_{\max} = \theta_{\rm c}(17.15\text{eV}) = 29.1°$。根据式 (2.10) 可确定截锥形端的形状及差分抽气孔参数，如图 2.5 所示，可设定 $s_{\rm c} = 3\text{mm}$，$r_{\rm c} = 2.5\text{mm}$。

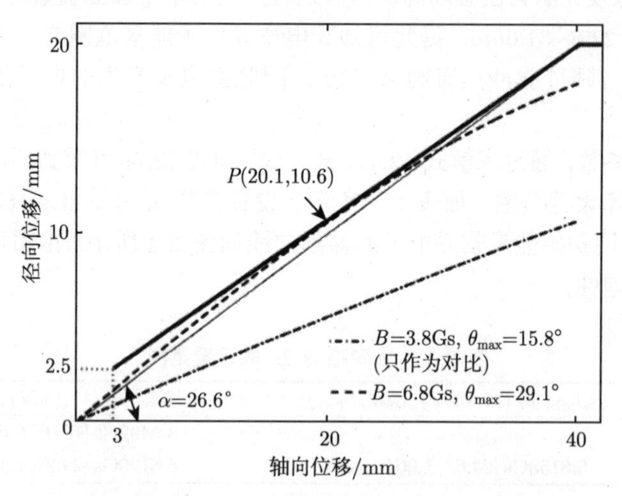

图 2.5 $B = 6.8\text{Gs}$ 时差分抽气孔参数的确定

作为应用实例，这里给出阿秒光束线中实地应用的飞行时间光电子能谱仪 (来自德国 Stefan Kaesdorf 公司)，如图 2.6 所示。

图 2.6 阿秒光束线中的飞行时间光电子能谱仪

2.2 双向式折射型飞行时间电子能谱探测技术

2.2.1 工作原理及工作模式

根据前面的论述可知，对于单向式飞行时间电子能谱仪，无论是无场型还是含场型，其能量分辨性能的定性规律大致相同。假设电子探测器的时间分辨率为 $\Delta t_{\min}$，根据式 (1.3) 和式 (1.4) 可得能量分辨率如下：

$$\Delta\varepsilon(\varepsilon_{\mathrm{i}}) = \frac{2\Delta t_{\min}\cos\theta_{\mathrm{i}}}{L}\sqrt{\frac{2\varepsilon_{\mathrm{i}}^3}{m_{\mathrm{e}}}} \tag{2.12}$$

由此可知，能量分辨率随电子初始能量的增加而急剧恶化 ($\Delta\varepsilon(\varepsilon_{\mathrm{i}}) \propto \varepsilon_{\mathrm{i}}^{3/2}$)，使得在满足既定能量分辨性能要求的条件下，系统的探测量程和收集效率总是非常有限。实际上，这正是此类探测技术的技术瓶颈。本章将相继介绍两类双向式飞行时间电子能谱探测技术。

双向式折射型飞行时间电子能谱仪示意图如图 2.7 所示，其中有 4 个描述参数：PSD 与反射电极的轴向距离为 L，预加速区轴向长度为 nL，电子在预加速区和反射区中的加速度分别为 a_1 和 a_2。加速度的正向指向 PSD。该技术与 2.1 节所述单向式飞行时间能谱探测技术的显著区别为：电子源和 PSD 在系统的同一侧，反射电极在另一侧，反射电极使待测电子在系统中做往返运动，从而增加了系统的有效长度。轴向均匀磁场和预加速场的引入是为了约束电子径向飞行的范围，以达到增大系统接收角的目的。假定待测电子的初始能量范围为 $\varepsilon_{\min} \sim \varepsilon_{\max}$，要保证所有电子都能被反射电极作用从而在系统中往返运动，那么加速度 a_2 必须满足：

$$a_2 \geqslant a_{\min} = \frac{\varepsilon_{\max} + n a_1 m_{\mathrm{e}} L}{(1-n) m_{\mathrm{e}} L} \tag{2.13}$$

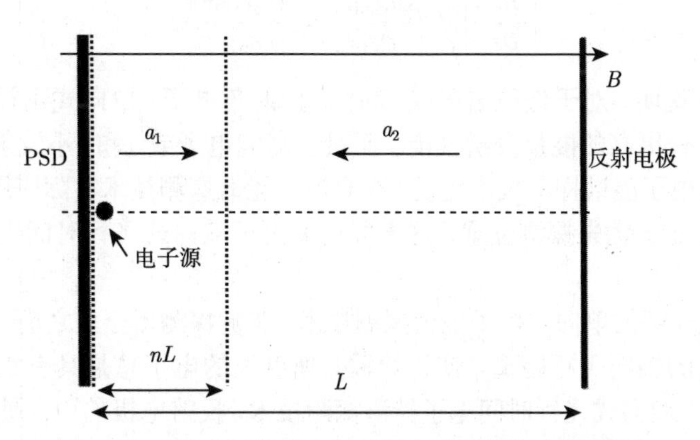

图 2.7 双向式折射型飞行时间电子能谱仪示意图[2,3]

对于初始状态为 ε_{i} 和 θ_{i} 的电子，初始轴向速度 $v_{\mathrm{ia}}=\sqrt{2\varepsilon_{\mathrm{i}}/m_{\mathrm{e}}}\cos\theta_{\mathrm{i}}$，则可求得该电子相对电子源的最大轴向飞行距离为

$$s_{\mathrm{m}}(v_{\mathrm{ia}})=nL+\frac{v_{\mathrm{ia}}^{2}+2na_{1}L}{2a_{2}} \tag{2.14}$$

或

$$s_{\mathrm{m}}(\varepsilon_{\mathrm{i}},\theta_{\mathrm{i}})=nL+\frac{\varepsilon_{\mathrm{i}}\cos^{2}\theta_{\mathrm{i}}+na_{1}m_{\mathrm{e}}L}{\varepsilon_{\max}+na_{1}m_{\mathrm{e}}L}(1-n)L \tag{2.15}$$

式 (2.14) 或式 (2.15) 表示的位置即为电子的反射面，也即电子在此平面处折返而转向 PSD 一侧运动。考虑到电子的往返运动，其最大轴向飞行路程、飞行时间、能量分辨性能参数分别为

$$s_{\mathrm{total}}(\varepsilon_{\mathrm{i}},\theta_{\mathrm{i}})=2s_{\mathrm{m}}(\varepsilon_{\mathrm{i}},\theta_{\mathrm{i}}) \tag{2.16}$$

$$\begin{aligned}t_{\mathrm{ref}}(\varepsilon_{\mathrm{i}},\theta_{\mathrm{i}})&=2t_{\mathrm{m}}(\varepsilon_{\mathrm{i}},\theta_{\mathrm{i}})\\&=2\left(-\frac{1}{a_{1}}\sqrt{\frac{2\varepsilon_{\mathrm{i}}}{m_{\mathrm{e}}}\cos^{2}\theta_{\mathrm{i}}}+\frac{A}{a_{1}}\sqrt{\frac{2\varepsilon_{\mathrm{i}}}{m_{\mathrm{e}}}\cos^{2}\theta_{\mathrm{i}}+2na_{1}L}\right)\end{aligned} \tag{2.17}$$

$$\frac{\partial t_{\mathrm{ref}}}{\partial\varepsilon_{\mathrm{i}}}=\frac{2\cos^{2}\theta_{\mathrm{i}}}{a_{1}m_{\mathrm{e}}}\left(-\sqrt{\frac{m_{\mathrm{e}}}{2\varepsilon_{\mathrm{i}}\cos^{2}\theta_{\mathrm{i}}}}+A\sqrt{\frac{m_{\mathrm{e}}}{2\varepsilon_{\mathrm{i}}\cos^{2}\theta_{\mathrm{i}}+2na_{1}m_{\mathrm{e}}L}}\right) \tag{2.18}$$

式中，$A=(a_1+a_2)/a_2$ 。

为了更加直观地定性比较双向式和单向式飞行时间电子能谱探测技术的特点，假定 $n=0$，这样式 (2.18) 可简化为

$$\frac{\partial t_{\mathrm{ref}}}{\partial\varepsilon_{\mathrm{i}}}=\frac{2L\cos\theta_{\mathrm{i}}}{\varepsilon_{\max}}\sqrt{\frac{m_{\mathrm{e}}}{2\varepsilon_{\mathrm{i}}}} \tag{2.19}$$

联立式 (1.6) 可得

$$\left|\frac{\partial t_{\mathrm{ref}}}{\partial\varepsilon_{\mathrm{i}}}\right|\Bigg/\left|\frac{\partial t_{\mathrm{drift}}}{\partial\varepsilon_{\mathrm{i}}}\right|=\frac{4\varepsilon_{\mathrm{i}}\cos^{2}\theta_{\mathrm{i}}}{\varepsilon_{\max}} \tag{2.20}$$

式 (2.20) 说明，对于低能电子或 (和) 大发射角电子，单向式飞行时间电子能谱探测技术具有更高的能量分辨性能；而对于高能电子或 (和) 小发射角电子，双向式飞行时间电子能谱探测技术更优。在光电子能谱探测技术实际应用中，小发射角的电子总是处于优先探测位置，这无疑更突出了双向式飞行时间电子能谱探测技术的优越性。

对于前面介绍的单向式电子能谱探测技术，在被探测器俘获之前，电子在系统中经历了相同的轴向飞行距离，使初始轴向速度大的电子总是具有相对较短的飞行时间。而对于双向式飞行时间电子能谱探测技术，反射电极的引入使电子飞行时间与初始轴向速度之间并非是单调的依赖关系，如图 2.8 所示。最大轴向飞行距离

s_m 与电子初始轴向速度 v_{ia} 之间呈现出色散依赖关系，类似于用于不同光谱色散调控的多层介质啁啾镜 (图 2.9)。多层介质啁啾镜通过控制不同光谱在多层介质中的穿透深度来调控各光谱分量之间的相对相位关系。在这个意义上，将此类技术称为折射型探测技术。图 2.8(b) 显示，系统存在一个特定的初始轴向速度，这里称为特征初始轴向速度 v_{ch}，其对应于最短的电子飞行时间。这意味着，对于初始发射状态为 ε_i 和 θ_i 的电子，该特征速度对应特征发射角 θ_{ch}。由 $\partial t/\partial v_{ia}=0$ 或 $\partial t/\partial \theta_i=0$ 可得

$$\cos\theta_{ch}=\sqrt{\frac{nm_e a_1 L}{\varepsilon_i(A^2-1)}} \tag{2.21}$$

$$v_{ch}=\sqrt{\frac{2na_1 L}{A^2-1}} \tag{2.22}$$

显然，特征初始轴向速度不依赖待测电子的参数设置，仅取决于飞行时间电子能谱仪系统的结构和电气参数。

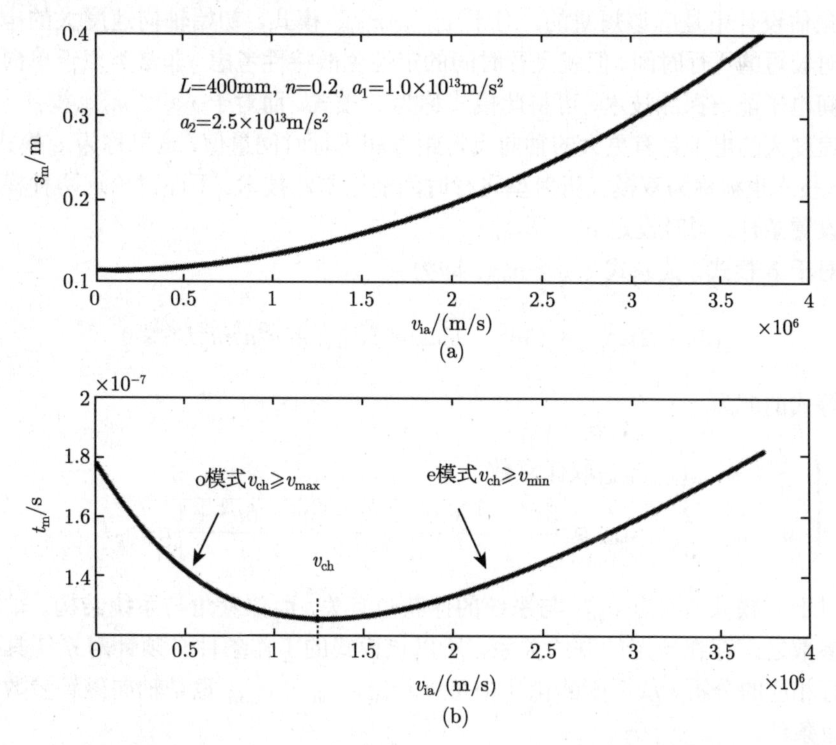

图 2.8 最大轴向飞行距离 s_m 和相应飞行时间 t_m 与电子初始轴向速度 v_{ia} 的关系

对于给定的待测初始能量范围 $\varepsilon_{min}\sim\varepsilon_{max}$，考虑到系统的电子俘获角，可暂时假定其对应的初始轴向速度范围为 $v_{min}\sim v_{max}$。系统特征初始轴向速度的存在，

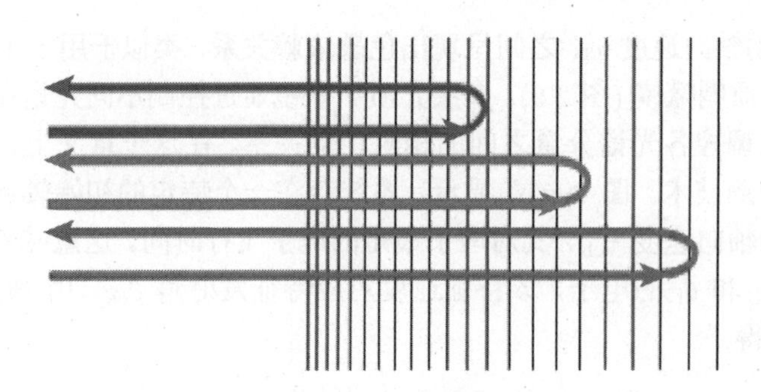

图 2.9 多层介质啁啾镜

使系统有三种可能的工作模式：$v_{\mathrm{ch}} \leqslant v_{\min}$，$v_{\mathrm{ch}} \geqslant v_{\max}$，$v_{\min} < v_{\mathrm{ch}} < v_{\max}$。对于第三种工作模式，由图 2.8 可知，飞行时间与初始轴向速度之间不存在一一对应的映射反演关系，这使以电子飞行时间信息为初始能量反演依据的电子能谱探测技术无法实现电子能谱的准确重建，因此该模式是无效模式，在实际的能谱仪电气结构参数预估设计中是应该规避的。对于 $v_{\mathrm{ch}} \geqslant v_{\max}$ 模式，初始轴向速度大的电子具有相对较短的飞行时间，但就飞行时间的定性色散特性考虑，非常类似于单向式飞行时间电子能谱探测技术，可将此模式称为 o 模式。而对于 $v_{\mathrm{ch}} \leqslant v_{\min}$ 模式，初始轴向速度大的电子具有更大的轴向飞行距离和飞行时间量值，这里称为 e 模式。因此，该技术也被称为双模式折射型飞行时间能谱探测技术。下面讨论这两种模式的参数设置条件，同时设定 $a_2 = a_{\min}$。

对于 o 模式，关系式 $v_{\mathrm{ch}} \geqslant v_{\max}$ 即为

$$(3n-2)\varepsilon_{\max}^2 + (3n^2-1)a_1 m_{\mathrm{e}} L \varepsilon_{\max} + n^3 a_1^2 m_{\mathrm{e}}^2 L^2 \geqslant 0 \tag{2.23}$$

该不等式的解为

$$\begin{cases} \dfrac{2}{3} \leqslant n < 1, & \varepsilon_{\max}\text{取任意数} \\ 0 < n < \dfrac{2}{3}, & \varepsilon_{\max} \leqslant \dfrac{3n^2-1+\sqrt{-3n^4+8n^3-6n^2+1}}{2(2-3n)} a_1 m_{\mathrm{e}} L \end{cases} \tag{2.24}$$

对于 e 模式，因为 $v_{\min}$ 与系统的俘获角有关，而俘获角与系统结构、轴向磁场等参数之间存在一定的制约关系，所以该模式的工作条件必须针对系统具体参数进行相应的分析。从后面的论述中可以看出，$v_{\mathrm{ch}} \leqslant v_{\min}$ 也是轴向磁场参数设置的约束条件。

2.2.2 参数 B 的设置

有关轴向磁场设置的基本思路，1.2.3 小节已做了阐述。下面分别讨论两种模式下磁场设置的具体方法。考虑常用的圆柱形电子能谱仪系统，假定 PSD 的半径

为 R_0，待测电子初始能量范围为 $\varepsilon_{\min} \sim \varepsilon_{\max}$。对于初始发射状态为 ε_{i} 和 θ_{i} 的电子，在磁场 B 约束下其横向运动半径 R 为

$$R = \frac{\sin\theta_{\mathrm{i}}}{Be}\sqrt{2m_{\mathrm{e}}\varepsilon_{\mathrm{i}}} \tag{2.25}$$

显然，只有满足条件 $2R \leqslant R_0$ 的电子才能被探测器俘获，这使不同初始能量 ε_{i} 的电子具有相应的最大发射角 θ_{c}，则

$$\sin\theta_{\mathrm{c}}(\varepsilon_{\mathrm{i}}) = \frac{eR_0B}{2\sqrt{2m_{\mathrm{e}}\varepsilon_{\mathrm{i}}}} \tag{2.26}$$

可见，只有出射角 $\theta_{\mathrm{i}} \leqslant \theta_{\mathrm{c}}(\varepsilon_{\mathrm{i}})$ 的电子才能到达探测器。这里同样称 θ_{c} 为临界角，显然，高能电子的临界角较小。

对于 o 模式，由系统电子飞行时间色散关系式 (2.17) 和图 2.2 可知，最短飞行时间 $t_{\min}$ 所对应的电子初始状态为 $\varepsilon_{\mathrm{i}} = \varepsilon_{\max}$，$\theta_{\mathrm{i}} = 0$，而 $t_{\max}$ 对应于 $\varepsilon_{\mathrm{i}} = \varepsilon_{\min}$，$\theta_{\mathrm{i}} = \theta_{\mathrm{c}}(\varepsilon_{\min})$ 的电子，即

$$t_{\max} = t_{\mathrm{total}}(\varepsilon_{\mathrm{i}} = \varepsilon_{\min}, \theta_{\mathrm{i}} = \theta_{\mathrm{c}}(\varepsilon_{\min})) \leqslant kT \tag{2.27}$$

$$t_{\min} = t_{\mathrm{total}}(\varepsilon_{\mathrm{i}} = \varepsilon_{\max}, \theta_{\mathrm{i}} = 0) \geqslant (k-1)T \tag{2.28}$$

将相应参数代入式 (2.27) 可得

$$-\sin\theta_{\mathrm{c}}(\varepsilon_{\min})\cos\theta_{\mathrm{c}}(\varepsilon_{\min}) + A\sin\theta_{\mathrm{c}}(\varepsilon_{\min})\sqrt{\cos^2\theta_{\mathrm{c}}(\varepsilon_{\min}) + C_{\mathrm{o}}} \leqslant D_{\mathrm{o}} \tag{2.29}$$

其中引入的过程参数为

$$C_{\mathrm{o}} = \frac{nm_{\mathrm{e}}a_1L}{\varepsilon_{\min}}, \quad D_{\mathrm{o}} = \frac{k\pi a_1Rm_{\mathrm{e}}}{4\varepsilon_{\min}}$$

同理，对于 e 模式，可知最短飞行时间 $t_{\min}$ 所对应的电子初始状态为 $\varepsilon_{\mathrm{i}} = \varepsilon_{\min}$，$\theta_{\mathrm{i}} = \theta_{\mathrm{c}}(\varepsilon_{\min})$，而最长飞行时间 $t_{\max}$ 来自 $\varepsilon_{\mathrm{i}} = \varepsilon_{\max}$，$\theta_{\mathrm{i}} = 0$ 的电子，也即

$$t_{\max} = t_{\mathrm{total}}(\varepsilon_{\mathrm{i}} = \varepsilon_{\max}, \theta_{\mathrm{i}} = 0) \leqslant kT \tag{2.30}$$

$$t_{\min} = t_{\mathrm{total}}(\varepsilon_{\mathrm{i}} = \varepsilon_{\min}, \theta_{\mathrm{i}} = \theta_{\mathrm{c}}(\varepsilon_{\min})) \geqslant (k-1)T \tag{2.31}$$

式 (2.31) 经参数代入和化简可得

$$-\sin\theta_{\mathrm{c}}(\varepsilon_{\min})\cos\theta_{\mathrm{c}}(\varepsilon_{\min}) + A\sin\theta_{\mathrm{c}}(\varepsilon_{\min})\sqrt{\cos^2\theta_{\mathrm{c}}(\varepsilon_{\min}) + C_{\mathrm{e}}} \geqslant D_{\mathrm{e}} \tag{2.32}$$

其中，过程参数为

$$C_{\mathrm{e}} = \frac{nm_{\mathrm{e}}a_1L}{\varepsilon_{\min}}, \quad D_{\mathrm{e}} = \frac{(k-1)\pi a_1Rm_{\mathrm{e}}}{4\varepsilon_{\min}}$$

为了进一步确定 k 的范围，可考虑初始状态为 $\varepsilon_{\mathrm{i}}=\varepsilon_{\min}$，$\theta_{\mathrm{i}}=0$ 的电子，令其飞行时间为 t_0，则 t_0 落在同一磁节点域中。对于 o 模式，t_0 可由式 (2.17) 求得且满足:

$$t_0 < kT \tag{2.33}$$

联立式 (2.28) 可得

$$k < \frac{t_0}{t_0 - t_{\min}} \tag{2.34}$$

对于 e 模式，t_0 应满足的条件为

$$t_0 > (k-1)T \tag{2.35}$$

进而可得参数 k 的范围为

$$k < \frac{t_{\max}}{t_{\max} - t_0} \tag{2.36}$$

最后，假定 PSD 的时间分辨率为 $\Delta t_{\min}$，由式 (2.29) 可得系统的能量分辨率为

$$\Delta\varepsilon_{\mathrm{i}} = \frac{\Delta t_{\min} a_1 m_{\mathrm{e}}}{2\cos^2\theta_{\mathrm{i}}\left|-\sqrt{\dfrac{m_{\mathrm{e}}}{2\varepsilon_{\mathrm{i}}\cos^2\theta_{\mathrm{i}}}}+A\sqrt{\dfrac{m_{\mathrm{e}}}{2\varepsilon_{\mathrm{i}}\cos^2\theta_{\mathrm{i}}+2na_1m_{\mathrm{e}}L}}\right|} \tag{2.37}$$

根据两种模式下电子飞行时间的色散关系特性，式 (2.37) 可进一步化简为

$$\Delta\varepsilon_{\mathrm{i}}\big|_{\mathrm{o}} = \frac{\Delta t_{\min} a_1 m_{\mathrm{e}}}{2\cos^2\theta_{\mathrm{i}}\left(\sqrt{\dfrac{m_{\mathrm{e}}}{2\varepsilon_{\mathrm{i}}\cos^2\theta_{\mathrm{i}}}}-A\sqrt{\dfrac{m_{\mathrm{e}}}{2\varepsilon_{\mathrm{i}}\cos^2\theta_{\mathrm{i}}+2na_1m_{\mathrm{e}}L}}\right)} \tag{2.38}$$

$$\Delta\varepsilon_{\mathrm{i}}\big|_{\mathrm{e}} = \frac{\Delta t_{\min} a_1 m_{\mathrm{e}}}{2\cos^2\theta_{\mathrm{i}}\left(-\sqrt{\dfrac{m_{\mathrm{e}}}{2\varepsilon_{\mathrm{i}}\cos^2\theta_{\mathrm{i}}}}+A\sqrt{\dfrac{m_{\mathrm{e}}}{2\varepsilon_{\mathrm{i}}\cos^2\theta_{\mathrm{i}}+2na_1m_{\mathrm{e}}L}}\right)} \tag{2.39}$$

2.2.3 设计实例

作为前述理论的补充，这里给出电子能谱仪设计实例。参照图 2.7，基本参数设置如下：$L=400\mathrm{mm}$，$R_0=30\mathrm{mm}$，$n=0.6$，$a_1=2\times10^{13}\mathrm{m/s^2}$，$a_2=a_{\min}$，待测电子的初始能量范围为 $10.0\sim50.0\mathrm{eV}$。所给参数满足式 (2.29)，因而此时该系统工作在 o 模式。根据 $t_{\min}=2.2478\times10^{-7}\mathrm{s}$ 和 $t_0=2.5989\times10^{-7}\mathrm{s}$ 可得，磁节点域的范围为 $1\leqslant k\leqslant 7$，求解式 (2.27) 和式 (2.28) 可得不同 k 值所允许的参数 B 的范围，如表 2.2 所示。

表 2.2 o 模式下参数 B 的允许范围

k	$B_{\min}$/Gs	$B_{\max}$/Gs	合理性
1	—	1.36	是
2	1.59	2.69	是
3	3.18	3.93	是
4	4.77	5.03	是
5	6.36	5.94	否
6	7.95	6.62	否
7	9.54	7.02	否

在不同磁场参数设置条件下，探测器可俘获电子的飞行时间如图 2.10 所示。由图 2.10 可知，当磁场参数 B 分别设置为 5.00 Gs、3.50Gs、2.00Gs 和 1.00Gs 时，电子飞行时间 t 的范围分别为 $3.0T < t_{\text{total}} < 4.0T$，$2.1T < t_{\text{total}} < 2.7T$，$1.2T < t_{\text{total}} < 1.5T$，$0.62T < t_{\text{total}} < 0.74T$，也即分别位于 $k=4$，$k=3$，$k=2$ 和 $k=1$ 磁节点域中，该结果证明了前述磁场设置方法的合理性。

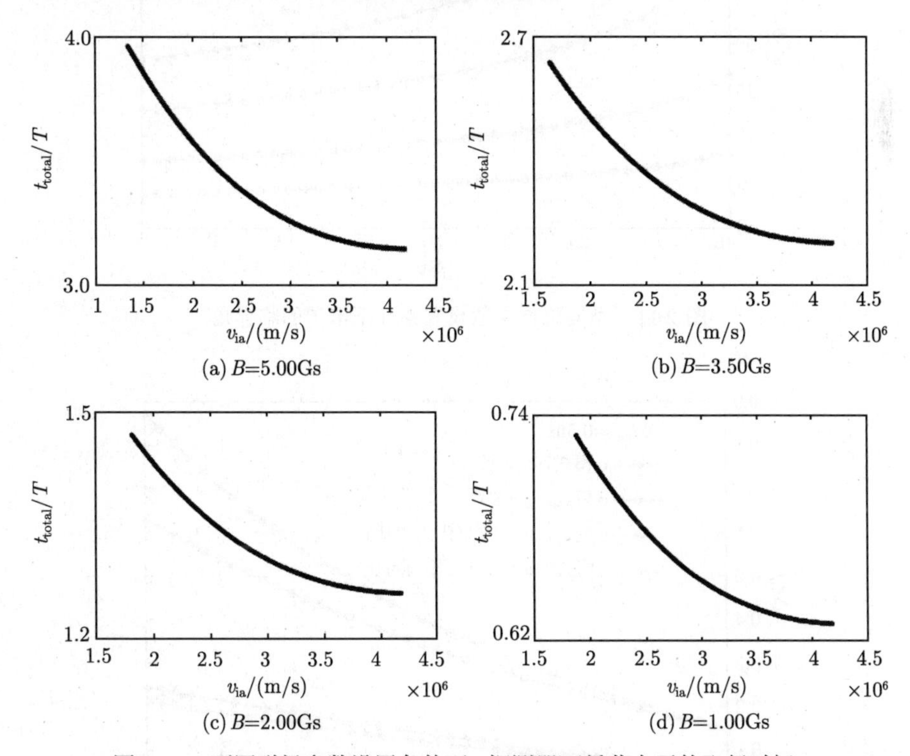

图 2.10 不同磁场参数设置条件下，探测器可俘获电子的飞行时间

不同磁场参数设置条件下电子的临界角如图 2.11 所示。由图 2.11 可知，更大的磁场意味着更大的电子俘获角，即更高的电子收集效率。例如，$B=5.00$Gs 所

对应的 20eV 电子的俘获角为 60°，等效立体角为 0.27π rad。假定 PSD 的时间分辨率 $\Delta t_{\min} = 0.5\text{ns}$，o 模式下系统的能量分辨率如图 2.12 所示，其中，c 模式为无场型飞行时间电子能谱探测技术。在双向式折射型飞行时间电子能谱探测技术中，当工作于 o 模式下时，轴向速度大的电子随轴向渡越的距离较大，但其飞行时间却很短，意味着折返运动时反射电极导致的加速场对电子的加速作用更显著，这使该技术与无场型技术相比具有较差的能量分辨性能。进一步半定量地比较 o 模式、c 模式和 e 模式下系统的能量分辨性能 (图 2.13)。由图 2.13 可知，e 模式具有更好的能量分辨性能。

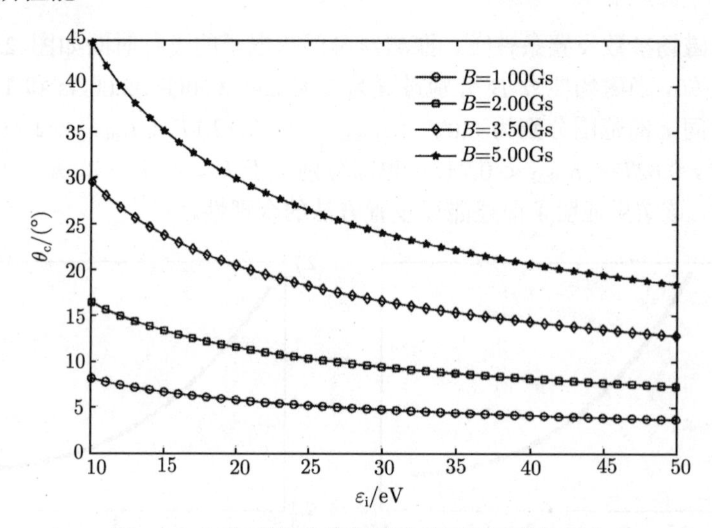

图 2.11　不同磁场参数设置条件下电子的临界角

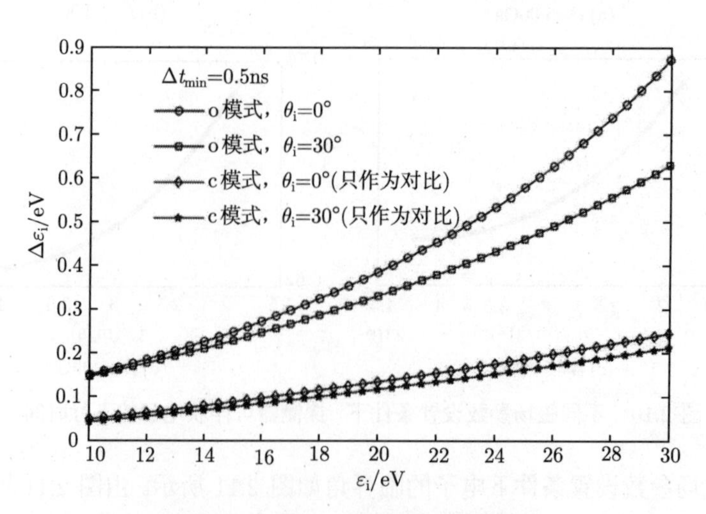

图 2.12　o 模式下系统的能量分辨率

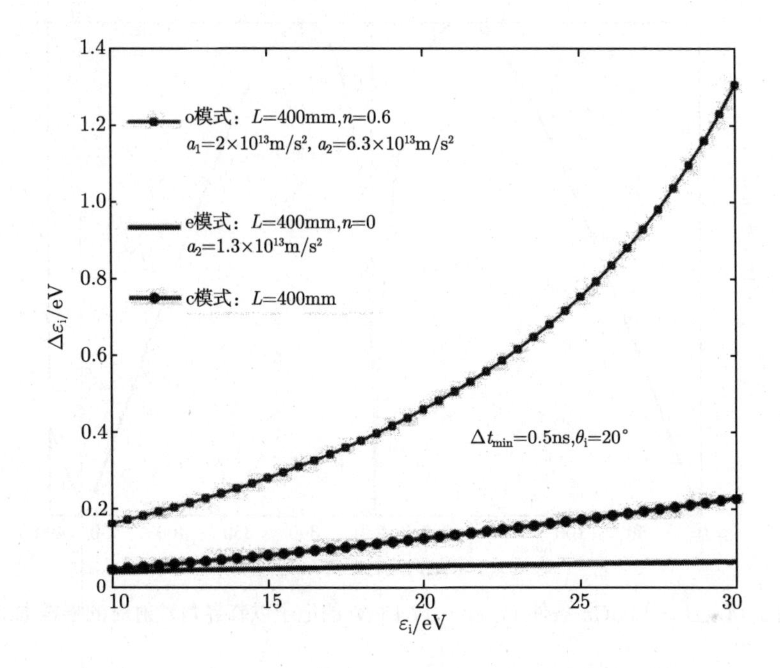

图 2.13 o 模式、e 模式及 c 模式下系统能量分辨率对比

本节最后给出 e 模式设计实例。图 2.1 所示电子能谱仪系统的具体参数设置如下：$L = 500\text{mm}$，$R_0 = 60\text{mm}$，$n = 0.05$，$a_1 = 1 \times 10^{13}\text{m/s}^2$，$a_2 = a_{\min}$。待测电子的初始能量范围为 $17.15 \sim 32.65\text{eV}$。据前述模式判别条件可知，此时系统工作于 e 模式。同时依据设置条件式 (2.30) 和式 (2.31) 可得，对应不同磁节点域 k 的参数 B 的允许范围如表 2.3 所示。在 $B = 1.85\text{Gs}$ 条件下，图 2.14 给出了 $\varepsilon_\text{i} = 17.15\text{eV}$ 的电子以临界角发射时的摇摆曲线，图中的虚线指示反射面的位置 $s_{\max} = 245\text{mm}$。由图 2.14 易知，该电子落在磁节点域 $k = 3$ 中，证明了前述理论的正确性。

表 2.3 e 模式下参数 B 的允许范围

k	$B_{\min}\,[\theta_\text{c}\,(30\text{eV})\,,\,t_{\min},\,t_{\max}]$	$B_{\max}[\theta_\text{c}\,(30\text{eV})\,,\,t_{\min},\,t_{\max}]$
1	—	0.63Gs [7.8°, 0.75T, 1.00T]
2	0.85Gs [10.5°, 1.00T, 1.34T]	1.26Gs [15.8°, 1.46T, 2.00T]
3	1.80Gs [22.6°, 2.00T, 2.80T]	1.90Gs [24.0°, 2.10T, 3.00T]

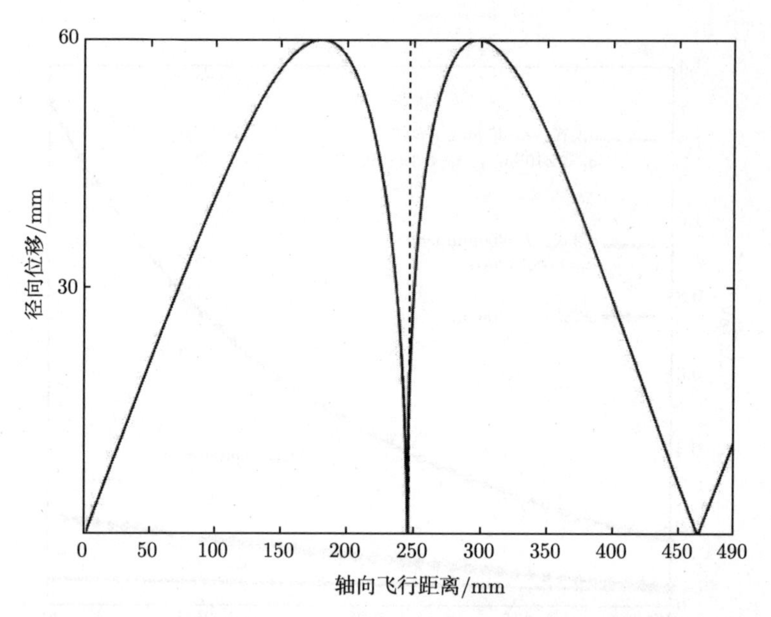

图 2.14　$B = 1.85\text{Gs}$ 条件下，$\varepsilon_{\rm i} = 17.15\text{eV}$ 的电子以临界角发射时的摇摆曲线

2.3　双向式探针型飞行时间电子能谱探测技术

2.3.1　工作原理

本节重点讨论的双向式探针型飞行时间电子能谱仪示意图如图 2.15 所示。与前述单向式或双向式折射型飞行时间电子能谱探测技术相比，其最大的不同点在于同时引入了两个具有不同减速电场的纵向区域，同时使用了两个分别位于电子能谱仪系统两端的位敏探测器 PSD-1 与 PSD-2。对于待测电子，根据其在飞行时间电子能谱仪系统中的运动及其使用的探测器，可以分为三种类型：第一种与第二种类型的电子分别在减速度为 a_1 与 a_2 的区域内被反射而最终被 PSD-1 接收；第三种类型的电子则穿越整个电子能谱仪系统而最终被 PSD-2 接收。从后面的分析讨论中可看出，双向式探针型飞行时间电子能谱仪所具有的独特的能量分辨性能正是来自对第二种类型电子的探测。

对于第一种类型的电子，要保证在电子能谱仪系统中的折返运动，其初始状态所应满足的条件为

$$\varepsilon_{\rm i}\cos^2\theta_{\rm i} \leqslant m_{\rm e}a_1nL \tag{2.40}$$

其飞行时间函数为

$$t_1 = \frac{2\cos\theta_{\rm i}}{a_1}\sqrt{\frac{2\varepsilon_{\rm i}}{m_{\rm e}}} \tag{2.41}$$

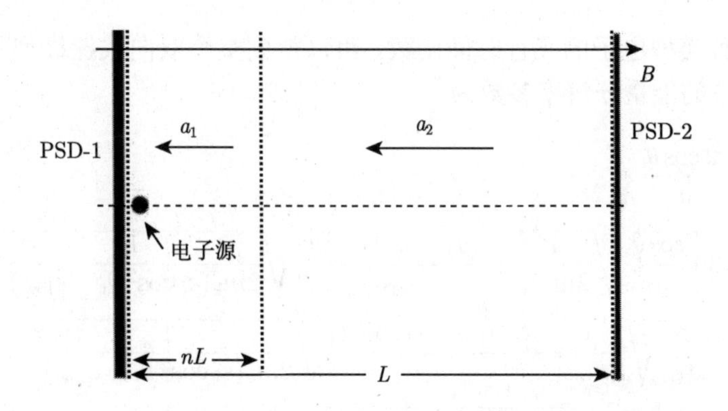

图 2.15 双向式探针型飞行时间电子能谱仪示意图[4]

相应地，第二种及第三种类型的电子应满足的条件分别为

$$m_e a_1 nL < \varepsilon_i \cos^2\theta_i \leqslant m_e a_1 nL + m_e a_2(1-n)L \tag{2.42}$$

$$\varepsilon_i \cos^2\theta_i > m_e a_1 nL + m_e a_2(1-n)L \tag{2.43}$$

其飞行时间色散关系分别为

$$t_2 = 2\left[\frac{\cos\theta_i}{a_1}\sqrt{\frac{2\varepsilon_i}{m_e}} + \frac{a_1-a_2}{a_1a_2}\sqrt{\frac{2(\varepsilon_i\cos^2\theta_i - \varepsilon_{low})}{m_e}}\right] \tag{2.44}$$

$$\begin{aligned} t_3 = & \frac{\cos\theta_i}{a_1}\sqrt{\frac{2\varepsilon_i}{m_e}} + \frac{a_1-a_2}{a_1a_2}\sqrt{\frac{2(\varepsilon_i\cos^2\theta_i - \varepsilon_{low})}{m_e}} \\ & - \frac{1}{a_2}\sqrt{\frac{2(\varepsilon_i\cos^2\theta_i - \varepsilon_{high})}{m_e}} \end{aligned} \tag{2.45}$$

根据式 (2.40)、式 (2.42) 和式 (2.43)，可以引入参数 ε_{low} 和 ε_{high} 以划分这三种类型电子的临界初始轴向能量：

$$\varepsilon_{low} = m_e a_1 nL, \quad \varepsilon_{high} = m_e a_1 nL + m_e a_2(1-n)L \tag{2.46}$$

同时，可以分别利用 $\varepsilon_i\cos^2\theta = \varepsilon_{low}$ 与 $\varepsilon_i\cos^2\theta = \varepsilon_{high}$ 通过式 (2.41) 与式 (2.44) 得到系统的两个特征飞行时间参数 t_{low} 和 t_{high}:

$$t_{low} = \frac{2}{a_1}\sqrt{\frac{2\varepsilon_{low}}{m_e}} \tag{2.47}$$

$$t_{high} = 2\left[\frac{1}{a_1}\sqrt{\frac{2\varepsilon_{high}}{m_e}} + \frac{a_1-a_2}{a_1a_2}\sqrt{\frac{2(\varepsilon_{high}-\varepsilon_{low})}{m_e}}\right] \tag{2.48}$$

根据三种类型电子的飞行时间函数，可以得到整个双向式探针型飞行时间电子能谱仪系统的能量分辨率参数为

$$\begin{cases}\dfrac{\partial t_1}{\partial \varepsilon_{\rm i}}=\dfrac{2\cos\theta_{\rm i}}{a_1}\sqrt{\dfrac{1}{2m_{\rm e}\varepsilon_{\rm i}}}\\ \dfrac{\partial t_2}{\partial \varepsilon_{\rm i}}=2\left[\dfrac{\cos\theta_{\rm i}}{a_1}\sqrt{\dfrac{1}{2m_{\rm e}\varepsilon_{\rm i}}}+\dfrac{(a_1-a_2)\cos^2\theta_{\rm i}}{a_1a_2}\sqrt{\dfrac{1}{2m_{\rm e}(\varepsilon_{\rm i}\cos^2\theta_{\rm i}-\varepsilon_{\rm low})}}\right]\\ \dfrac{\partial t_3}{\partial \varepsilon_{\rm i}}=\dfrac{\cos\theta_{\rm i}}{a_1}\sqrt{\dfrac{1}{2m_{\rm e}\varepsilon_{\rm i}}}+\dfrac{(a_1-a_2)\cos^2\theta_{\rm i}}{a_1a_2}\sqrt{\dfrac{1}{2m_{\rm e}(\varepsilon_{\rm i}\cos^2\theta_{\rm i}-\varepsilon_{\rm low})}}\\ \qquad -\dfrac{\cos^2\theta_{\rm i}}{a_2}\sqrt{\dfrac{1}{2m_{\rm e}(\varepsilon_{\rm i}\cos^2\theta_{\rm i}-\varepsilon_{\rm high})}}\end{cases} \tag{2.49}$$

$a_1 < a_2$ 条件下整个电子能谱仪系统电子的飞行时间 $t_{\rm total}$ 与其初始轴向速度 $v_{\rm ia}$ $(\sqrt{2\varepsilon_{\rm i}\cos^2\theta_{\rm i}/m_{\rm e}})$ 之间的关系如图 2.16 所示。由图 2.16 可知，3 个具有不同初始轴向速度的电子将具有相同的飞行时间，使得这样的电子完全不能被探测器分辨。因此，在以飞行时间作为其中一个分析参量的电子能谱仪系统中，这种情况是应该避免的。

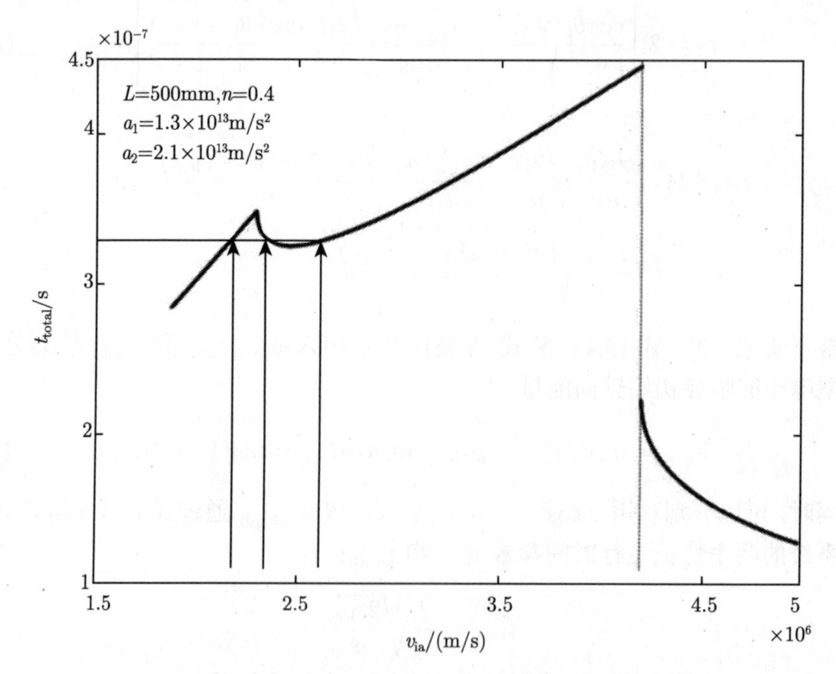

图 2.16 $a_1 < a_2$ 条件下电子飞行时间 $t_{\rm total}$ 与其初始轴向速度 $v_{\rm ia}$ 之间的关系

$a_1 = a_2$ 条件下的能量分辨率特征参数曲线如图 2.17 所示。这意味着在这

种条件下，整个系统的能量分辨率曲线将随能量呈现出一定的非单调性。但根据式 (2.49) 即可看出，此时的系统仅仅是前述单向式和双向式折射型飞行时间电子能谱技术的复合系统：图 2.17 中曲线变化较为缓慢的低能部分相当于双向式折射型电子能谱仪系统；而曲线变化较快的高能部分相当于单向式飞行时间电子能谱仪系统。这说明，该系统并没有呈现出特别的能量分辨特性。因此，在下面的分析中将重点讨论 $a_1 > a_2$ 的情形。这里需提前说明的是，下述分析也证明了 $a_1 > a_2$ 即为探针型飞行时间电子能谱探测技术的必备条件。根据式 (2.46), 条件 $a_1 > a_2$ 意味着

$$n < \frac{\varepsilon_{\text{low}}}{\varepsilon_{\text{high}}} \tag{2.50}$$

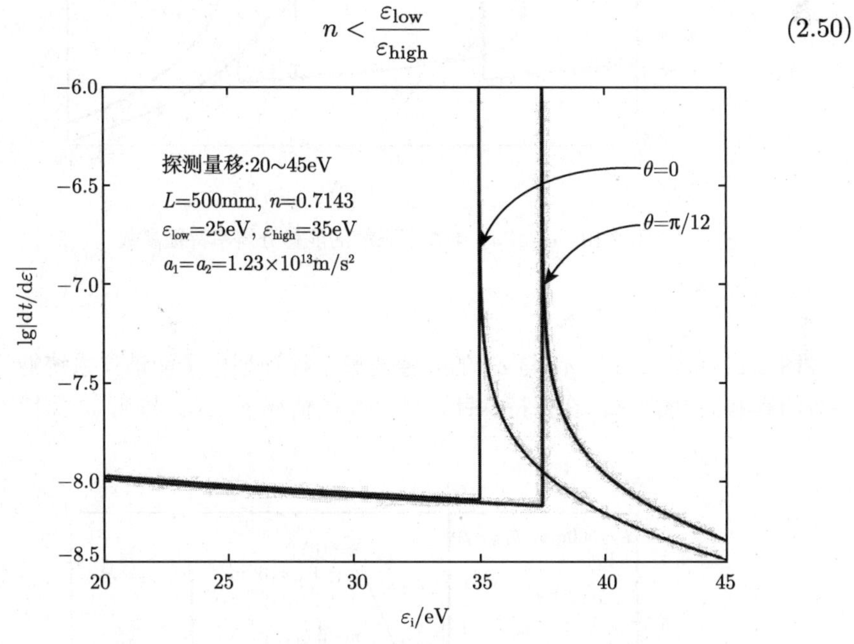

图 2.17 $a_1 = a_2$ 条件下系统的能量分辨率特征参数

$a_1 > a_2$ 条件下整个能谱仪系统能量分辨率参数 $\mathrm{d}t/\mathrm{d}\varepsilon$ 与初始能量 ε_{i} 之间的关系曲线如图 2.18 所示。由图 2.18 可知, 每条曲线都由三部分组成，这与前面提及的三种类型的电子相对应。与前面提及的单向式及双向式折射型飞行时间电子能谱仪系统不相同的是，需要注意这种类型的电子能谱仪系统的能量分辨率参数所呈现出的非单调性。图 2.18 显示，每条曲线中间部分的高能区域与曲线开始阶段的低能区域相比具有较高的能量分辨率。这样的能量分辨特性将会使整个电子能谱仪系统在一定的角度范围内形成一个高能区域，该区域相对低能区域具有较高的能量分辨率。该区域也可称为探针区域，已在图中标出。很显然，探针区域所对应的角度范围内的电子都属于前面讨论的第二种类型的电子。

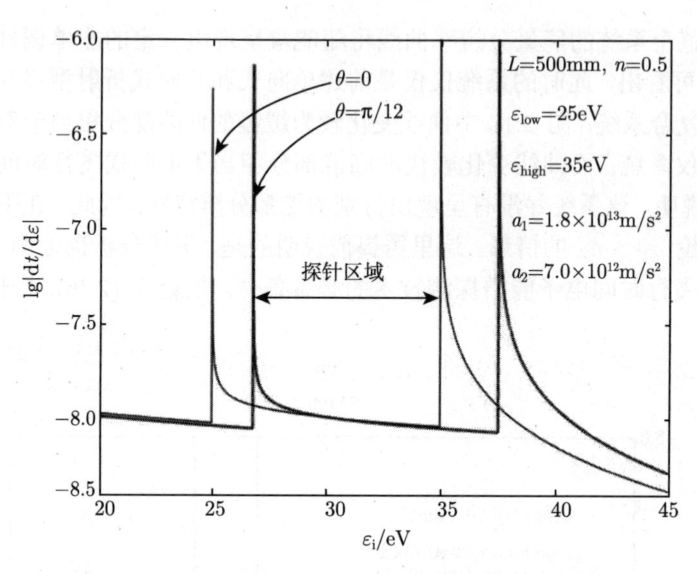

图 2.18　$a_1 > a_2$ 条件下系统的能量分辨率特征参数

图 2.19 给出了参数 a_1 与 a_2 的差值对整个探针型电子能谱仪系统能量分辨率参数的影响。由图可知，在保持探针区域不变的情况下 (ε_{low} 与 $\varepsilon_{\text{high}}$ 保持不变)，a_1

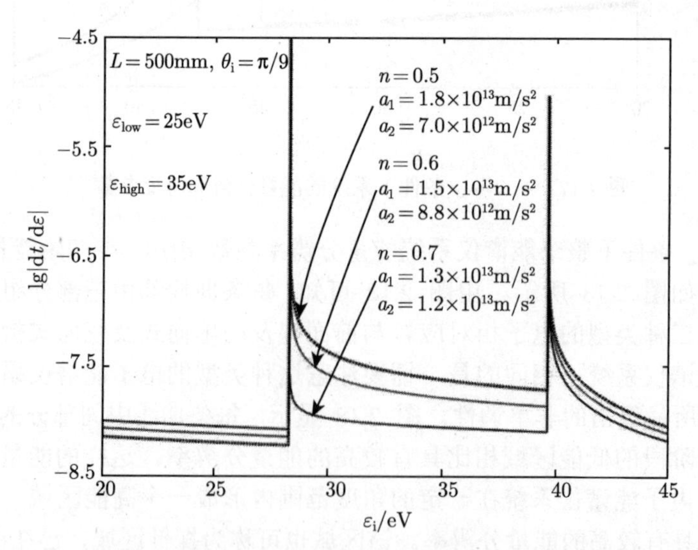

图 2.19　参数 a_1 与 a_2 的差值对整个探针型电子能谱仪系统能量分辨率参数的影响

相对 a_2 的差值越大，探针区域的能量分辨率越高，且低能区域的能量分辨特性受到的影响不是很大。另外，从式 (2.49) 也很容易看出，电子能谱仪系统长度的增加将提高整个系统的能量分辨率。

2.3.2 参数 B 的设置

有关轴向磁场设置的基本思路，1.2.3 小节已进行了阐述，其关键是确定系统中电子飞行时间的极值 $t_{\max}$ 和 $t_{\min}$。同样考虑一个圆柱对称探针型飞行时间电子能谱仪，根据前述单向式飞行时间电子能谱探测技术和双向式折射型飞行时间电子能谱探测技术的讨论可知，不同能量的电子具有相对应的最大可接收角，且对于给定的轴向磁场，初始动能较小的电子具有较大的临界角。由式 (2.49) 可知，$\partial t_1/\partial\varepsilon_{\rm i} > 0$，$\partial t_2/\partial\varepsilon_{\rm i} > 0$，$\partial t_3/\partial\varepsilon_{\rm i} < 0$，这意味着具有最短飞行时间 $t_{\min}$ 的电子可能有两个来源：一个是初始状态为 $\varepsilon_{\rm i} = \varepsilon_{\min}$，$\theta_{\rm i} = \theta_{\rm ca}$ 的电子；另一个是初始状态为 $\varepsilon_{\rm i} = \varepsilon_{\max}$，$\theta_{\rm i} = 0$ 的电子。也就是

$$t_1(\varepsilon_{\rm i} = \varepsilon_{\min}, \theta_{\rm i} = \theta_{\rm ca}(\varepsilon_{\min})) \geqslant (k-1)T \tag{2.51}$$

$$t_0 = t_3(\varepsilon_{\rm i} = \varepsilon_{\max}, \theta_{\rm i} = 0) \geqslant (k-1)T \tag{2.52}$$

而初始状态满足 $\varepsilon_{\rm i}\cos^2\theta_{\rm i} = \varepsilon_{\rm high}$ 的电子具有最大的飞行时间，即 $t_{\max} = t_{\rm high}$ 。由此可求得不同磁节点域所对应的允许磁场范围。

2.3.3 设计实例

这里以一实例来具体说明上述分析的双色场型飞行时间电子能谱仪参数的选择问题。设其具有圆柱形对称结构，具体的参数如下：$L = 200\text{mm}$，$R = 60\text{mm}$。待测电子的能量范围为 $20 \sim 60\text{eV}$，需要重点分析的能量区域为 $38 \sim 45\text{eV}$。根据前述分析，设定相关的参数为 $\varepsilon_{\rm low} = 35\text{eV}$，$\varepsilon_{\rm high} = 45\text{eV}$。同时考虑到探针型飞行时间电子能谱仪工作的条件为 $a_1 > a_2$ ，取 $n = 0.5$。由已有的参数可以进一步求得 $a_1 = 6.2\times10^{13}\text{m/s}^2$，$a_2 = 1.8\times10^{13}\text{m/s}^2$。根据给定的结构参数，可求得对应的磁场参数为 $B \leqslant 1.27\text{Gs}(k=1)$ 。在下面的理论模拟计算中，$B = 1.2\text{Gs}$。

对于以上给定参数的电子能谱仪系统，其理论计算的能量分辨率特征参数如图 2.20 所示。根据探针区域的定义，由 $\varepsilon_{\rm i}\cos^2\theta_{\max} = \varepsilon_{\rm low}$ 可求得 $\varepsilon_{\rm i} = 36.1\text{eV}$，$\theta_{\max} = \pi/18$ ，因此该电子能谱仪系统的探针区域为 $36.1 \sim 45\text{eV}$，如图 2.20 所示。

该探针型电子能谱仪系统的能量分辨率和相对能量分辨率如图 2.21 所示。由图 2.21 可知，整个能量区间的能量分辨率 $\Delta\varepsilon \leqslant 1.0\text{eV}$，而探针区域的能量分辨性能更优，小于 0.25eV。

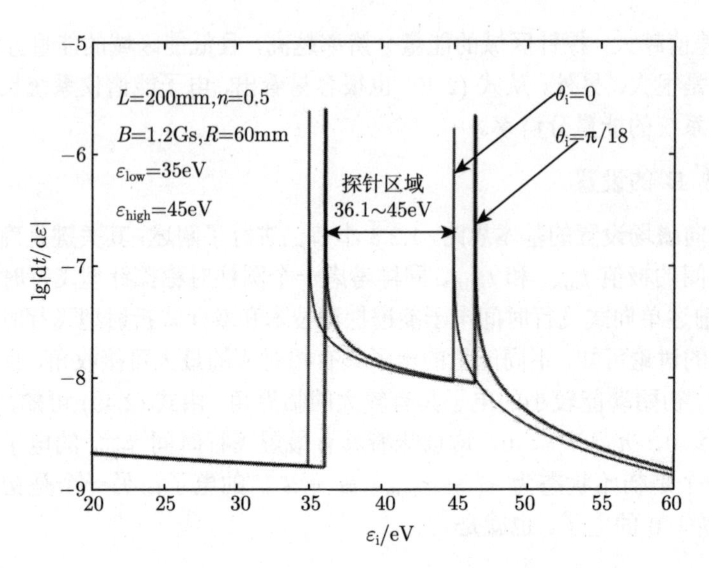

图 2.20　系统的能量分辨率特征参数

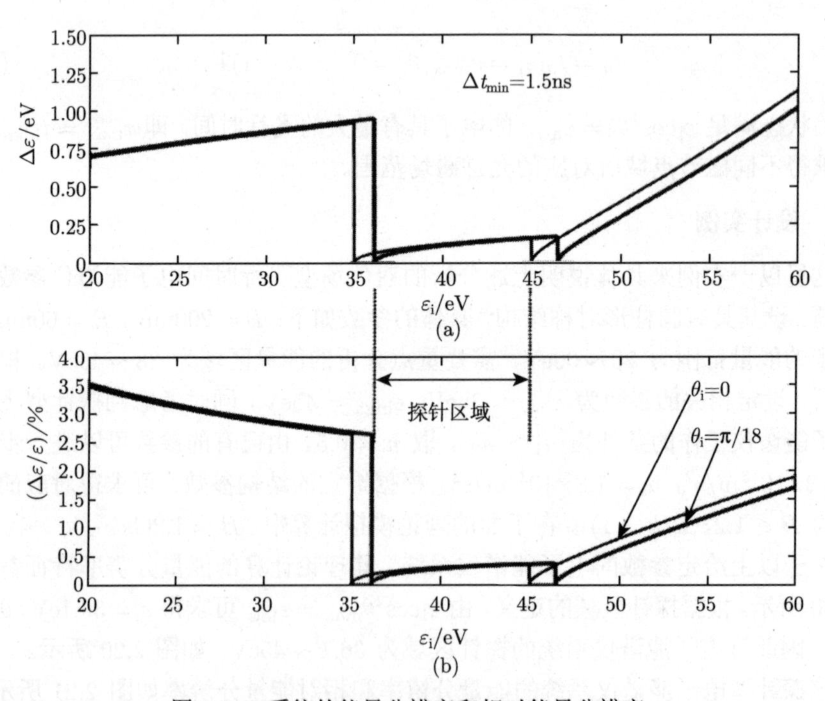

图 2.21　系统的能量分辨率和相对能量分辨率

参考文献

[1] WANG C, TANG T T, KANG Y F. Parameters choosing for a time-of-flight momentum mapping system with truncated cone-shaped head[J]. Optik, 2011, 122(3): 220–224.
[2] WANG C, KANG Y F, TANG T T. Reflection-type high-resolution time-of-flight momentum and energy mapping analyzer[J]. Optik, 2011, 122(13): 1207–1211.
[3] WANG C, KANG Y F, TIAN J S. Double-mode refraction-type time-of-flight momentum (energy) mapping analyzer: Generalized theory[J]. Optik, 2012, 123(24): 2241–2246.
[4] WANG C, KANG Y F, TANG T T. Probe-type time-of-flight momentum and energy mapping system[J]. Optik, 2011, 122(6): 544–548.

第 3 章　磁瓶型飞行时间电子能谱探测技术

3.1　工作原理

典型的磁瓶型飞行时间电子能谱仪原理示意图如图 3.1 所示。与第 2 章所述电子能谱仪相比，其最大的特点是非均匀磁场的引入。其工作原理为：利用磁瓶效应中非均匀磁场对电子的约束准直效应，使强磁场区域产生的带电粒子 (如电子) 在强弱磁场的过渡区域得到准直并经弱均匀磁场的引导最终由探测器探测接收。需要指出的是，在下面的分析中本书都将带电粒子源视为点源，且位于系统的对称轴上。实际应用中这样的假设也被认为是成立的。

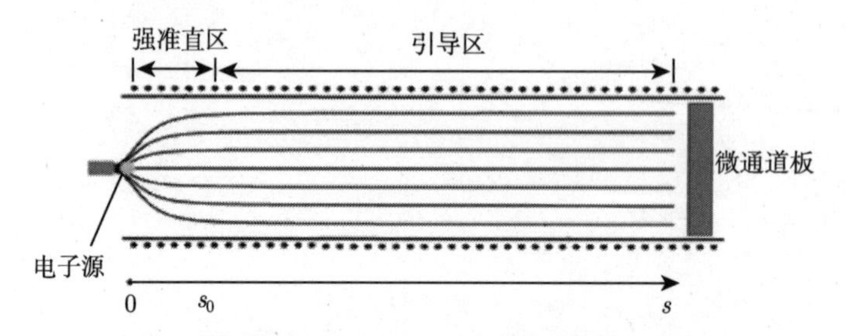

图 3.1　磁瓶型飞行时间电子能谱仪原理示意图

非均匀磁瓶磁场对电子的约束准直效应如图 3.2 所示 [1-4]。对于一个在强磁场区域产生的电子，假设初始出射角及初始能量分别为 θ_i 与 $\varepsilon_\mathrm{i} = m_\mathrm{e}v_\mathrm{i}^2/2$，则电子将在洛伦兹力的作用下做螺旋运动，其径向圆周运动的频率、半径及角动量分别为

$$\omega_\mathrm{i} = \frac{e}{m_\mathrm{e}}B_\mathrm{i} \tag{3.1}$$

$$r_\mathrm{i} = \frac{v_\mathrm{i}\sin\theta_\mathrm{i}}{\omega_\mathrm{i}} \tag{3.2}$$

$$\ell_\mathrm{i} = \frac{m_\mathrm{e}^2 v_\mathrm{i}^2 \sin^2\theta_\mathrm{i}}{eB_\mathrm{i}} \tag{3.3}$$

式中，e 与 m_e 分别为电子的电量及静止质量。在电子做螺旋运动由强磁场区域向弱磁场区域行进的过程中，如果磁场的变化满足绝热近似的条件，则电子的运动满足角动量守恒定律。根据式 (3.3) 可知，在强度为 B_f 的弱磁场区域有

$$\frac{\sin^2\theta_\mathrm{i}}{B_\mathrm{i}} = \frac{\sin^2\theta_\mathrm{f}}{B_\mathrm{f}} \tag{3.4}$$

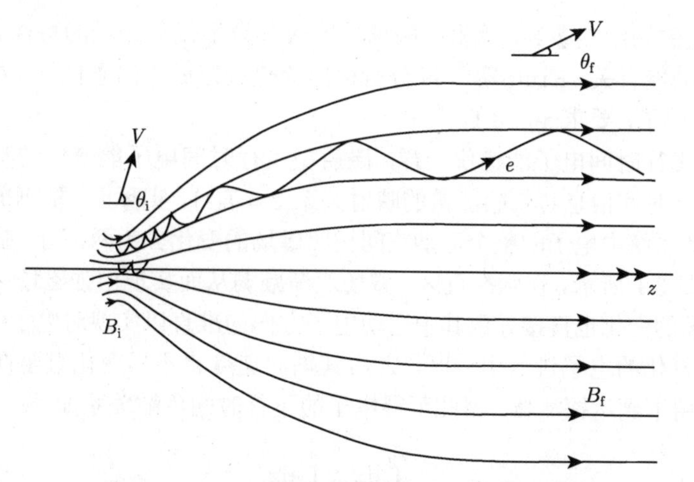

图 3.2 非均匀磁瓶磁场对电子的约束准直效应

这意味着磁场的减弱将直接导致电子与系统对称轴夹角的减小，此即非均匀磁场对其中运动电子的约束准直效应。例如，对于 $\theta_{\mathrm{i}} = \pi/2$ 的电子，如果磁场的变化满足 $B_{\mathrm{f}}/B_{\mathrm{i}} = 10^{-3}$，则电子在弱磁场区域将几乎得到完全的准直：

$$\theta_{\mathrm{f}} = \arcsin\frac{B_{\mathrm{f}}}{B_{\mathrm{i}}} = 1.8^{\circ} \tag{3.5}$$

这说明如果选择合适的磁场，磁瓶型飞行时间电子能谱仪将可接收 2π 立体角范围内的电子。由于电子在整个运动过程中能量守恒，在弱磁场区域，其轴向速度分量为

$$v_{z\mathrm{f}} = v_{\mathrm{i}}\sqrt{1 - \frac{B_{\mathrm{f}}}{B_{\mathrm{i}}}\sin^2\theta_{\mathrm{i}}} \tag{3.6}$$

前面提及的磁场变化绝热近似指的是：在电子螺旋行进的过程中，其运动一周所经历的磁场的变化可以忽略。这实质上是磁场的缓变近似。根据以上分析可知，电子在强弱磁场过渡区域内做螺旋运动的过程中，其轴向速度分量是时刻变化的。设某时刻电子与系统对称轴的夹角为 θ，磁场的轴向分量为 B_z，则电子做螺旋运动的螺距 $\Delta z_{\mathrm{pitch}}$ 为

$$\Delta z_{\mathrm{pitch}} = \frac{2\pi}{\omega}v_z = 2\pi\frac{m_{\mathrm{e}}v\cos\theta}{eB_z} \tag{3.7}$$

那么在这个螺距内磁场的变化量 ΔB_z 为

$$\Delta B_z = \frac{\mathrm{d}B_z}{\mathrm{d}z}\Delta z_{\mathrm{pitch}} \tag{3.8}$$

则磁场的相对变化可表示为

$$\chi_B = \left.\frac{\Delta B_z}{B_z}\right|_{\theta\to 0} = \frac{2\pi\sqrt{2m_{\mathrm{e}}\varepsilon}}{eB_z^2}\left|\frac{\mathrm{d}B_z}{B_z}\right| \tag{3.9}$$

式中，χ_B 为磁场绝热参数。因此，磁场的绝热参数不仅与磁场的特性有关，还与其中电子的动能有关。Kruit 等[1] 经分析提出绝热近似成立的条件为：对于初始能量为 1eV 的电子，要求 $\chi_B < 1$。

与其他飞行时间电子能谱仪一样，磁瓶型飞行时间电子能谱仪的基本测量原理是建立飞行时间信息与初始能量的映射关系 $t = f(\varepsilon)$。实际上，根据前面已有的分析，可将此系统中电子的整个运动空间按照磁场的变化分为两部分：强准直区和引导区，如图 3.1 所示。在强准直区，磁场逐渐减弱从而实现由强磁场向弱磁场的过渡，而磁场的变化也直接导致其中运动电子方向的准直以实现对电子的约束；经磁场完全准直化的电子进入引导区，之后其轴向速度将不再变化直至在弱磁场的径向约束作用下到达探测器。据此可得电子的飞行时间色散关系如下：

$$t = \int_0^{s_0} \frac{\mathrm{d}z}{v_z} + \int_{s_0}^{s} \frac{\mathrm{d}z}{v_{z\mathrm{f}}} \tag{3.10}$$

即

$$t = \sqrt{\frac{m_\mathrm{e}}{2\varepsilon_\mathrm{i}}} \int_0^{s_0} \frac{\mathrm{d}z}{\sqrt{1 - \dfrac{B_z}{B_\mathrm{i}} \sin^2\theta_\mathrm{i}}} + (s - s_0) \sqrt{\frac{m_\mathrm{e}}{2\varepsilon_\mathrm{i}}} \left(1 + \frac{1}{2}\frac{B_\mathrm{f}}{B_\mathrm{i}} \sin^2\theta_\mathrm{i}\right) \tag{3.11}$$

根据本章开始时提及的飞行时间电子能谱仪的原理，粒子飞行时间的能量色散性直接决定着整个系统的能量分辨率。对于磁瓶型飞行时间电子能谱仪，磁场的非均匀性使电子在探测器上的位置信息无法准确确定，因而需要建立飞行时间 t 与能量 ε_i 之间一一对应的映射关系。但由式 (3.11) 可知，除了飞行时间的能量色散性，同一能量不同初始出射角 θ_i 的电子也将具有不同的飞行时间，这里称为时间弥散 $\Delta t_{\mathrm{angle}}$。因此在磁瓶型飞行时间电子能谱仪中，能量分辨率的提高不仅要求增大飞行时间的能量色散性，而且要求同一能量电子间飞行时间角度色散性的减小，即减小 $\Delta t_{\mathrm{angle}}$。经分析得知，在 $B_\mathrm{f}/B_\mathrm{i} \leqslant 0.001$ 的条件下，$\Delta t_{\mathrm{angle}}$ 主要来源于式 (3.11) 中等号右边的第一项，即磁场的强准直区。在强弱磁场保持不变的条件下，强准直区长度的增加将使 $\Delta t_{\mathrm{angle}}$ 迅速增大。而对于飞行时间的能量色散性，其主要取决于式 (3.11) 中等号右边的第二项，因此只有通过增加引导区的长度来提高系统的能量分辨率。当满足条件 $s_0 \ll s$ 和 $B_\mathrm{f}/B_\mathrm{i} \leqslant 0.001$ 时，式 (3.11) 可简化为

$$t = (s - s_0) \sqrt{\frac{m_\mathrm{e}}{2\varepsilon_\mathrm{i}}} \left(1 + \frac{1}{2}\frac{B_\mathrm{f}}{B_\mathrm{i}} \sin^2\theta_\mathrm{i}\right) \tag{3.12}$$

那么，由初始发射角弥散导致的电子飞行时间差为

$$\frac{\Delta t}{t} = \frac{1}{2}\frac{B_\mathrm{f}}{B_\mathrm{i}} \approx 10^{-3} \tag{3.13}$$

综合以上分析可知，磁瓶型飞行时间电子能谱仪中磁场系统的要求为：在不均匀磁场满足单调分布的条件下，从提高系统分辨率的角度考虑，要求 $B_\mathrm{f}/B_\mathrm{i}$ 越小越好；且对于一定的 $B_\mathrm{f}/B_\mathrm{i}$，不均匀磁场的强准直区其纵向长度越小越好。但同时从磁瓶型飞行时间电子能谱仪最基本的工作原理 —— 磁瓶效应考虑，要求磁场的变化 $|\mathrm{d}B_z/B_z|$ 又不能太快以满足绝热近似条件，即 $\chi_B < 1$ (对于 $\varepsilon_\mathrm{i} = 1\mathrm{eV}$ 的电子)。因此可以说，非均匀磁场的设计是该类飞行时间电子能谱仪设计的核心。

强准直区的非均匀磁场实质为一个磁透镜，其横向放大率 M 为

$$M = \frac{B_\mathrm{i}}{B_\mathrm{f}} \tag{3.14}$$

该参数可作为系统设计中选择微通道板电子探测器尺寸的参考。如果气体靶直径为 50μm，$B_\mathrm{f}/B_\mathrm{i} = 10^{-3}$，那么微道通板的直径应大致为 50mm。图 3.3 给出了同一电子源出射的不同初始能量的电子在输出荧光屏上的图像。

需要指出的是，磁瓶型非均匀磁场实质为一个磁透镜，它通过对电子的强聚焦作用显著提升电子能谱仪系统对电子的俘获角，这是该类技术的特色。但由于磁聚焦过程本身并不改变电子的能量，从能量分辨性能角度考虑该技术等价于第 1 章所述的无场型电子能谱技术。为了提升其能量分辨率和探测量程，实际应用中常在弱磁场区域引入拒斥场，通过降低电子的渡越能量而增加其飞行时间的色散性。在待测能量范围较宽的情况下，常需要分段探测，以数据拼接形式完成全量程探测。

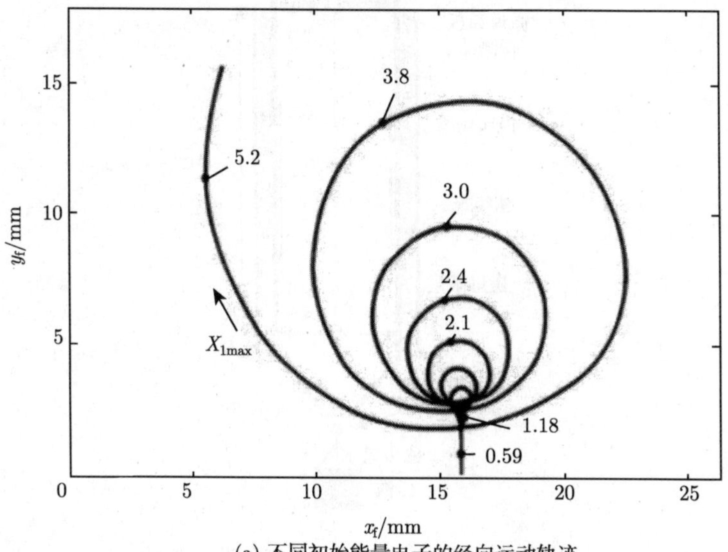

(a) 不同初始能量电子的经向运动轨迹

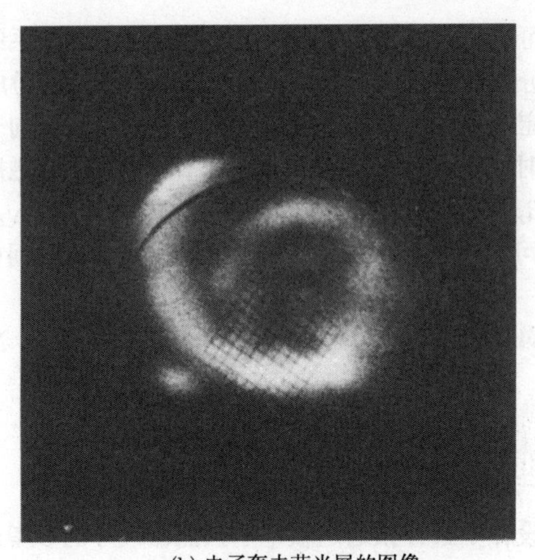

(b) 电子轰击荧光屏的图像

图 3.3　同一电子源出射的不同初始能量的电子在输出荧光屏上的图像 [1]

3.2　设 计 实 例

本书给出的设计实例面向阿秒光电子能谱学应用研究，设计蓝图如图 3.4 所示 [2]。电子源所在的强磁场要达到约 1.0T，弱均匀引导磁场为 10Gs。同时从能量

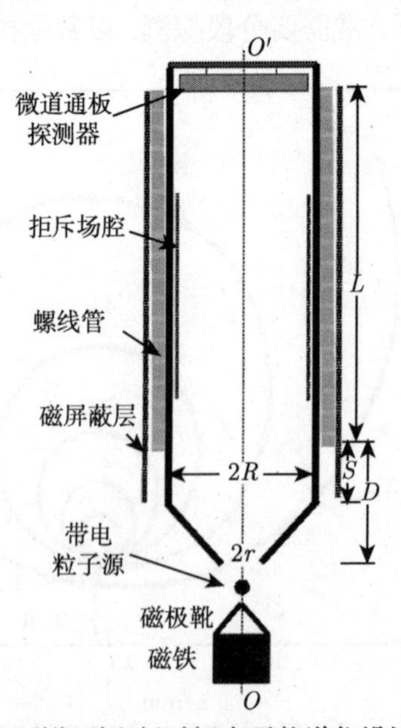

图 3.4　磁瓶型飞行时间电子能谱仪设计蓝图

分辨率角度考虑，飞行时间电子能谱仪系统的轴向长度在 3m 左右。双层磁屏蔽层包裹在弱磁场电子引导区外面，以屏蔽地磁场等杂散磁场对系统内电子运动的影响。针对实际工程应用，管子内壁、截锥形端的外表面以及磁极靴的表面都要涂上导电碳粉以防止系统中电荷的累积效应，同时管子各部分应采用非磁性不锈钢等材料以防止系统既定的磁场受到影响。

有关磁瓶非均匀磁场中的强磁场源，其常用设计方案主要有两种 (图 3.5)：一种是永久磁铁和磁极靴复合设计；另一种是永久磁铁叠加系统。这里以第一种为例。选用 N52 系列钕磁铁 (NdFeB) 永久磁铁，它是一种稀土类磁铁，主要成分是钕、铁和

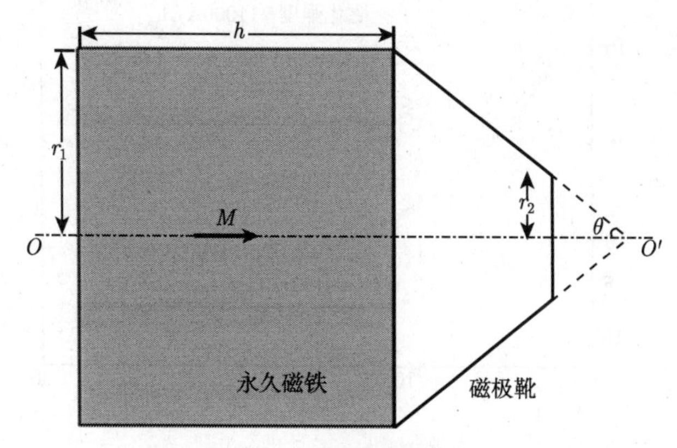

(a) 永久磁铁和磁极靴复合

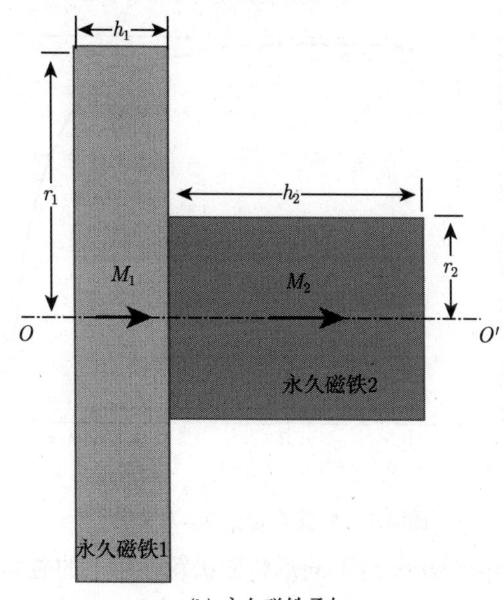

(b) 永久磁铁叠加

图 3.5 强磁场源设计方案

硼。磁铁为圆柱状，底半径 $r_1 = 12.7\text{mm}$，高度 $h = 50.8\text{mm}$，磁化方向沿着圆柱的对称轴，磁化强度 $M = 11000\text{A/m}$。NdFeB 永久磁铁的轴上磁场分布如图 3.6 所示 (横坐标 0 点对应于磁铁端面中心)，峰值磁场约为 6000Gs。为了进一步提高磁场强度，采用截圆锥形磁极靴以聚焦磁铁产生的磁场，其形状如图 3.5(a) 所示。磁极靴材料为铁钴系高磁导率坡莫合金，饱和磁通密度约为 2.4T，磁化特性 μ_r-B 曲线如图 3.7 所示。为了达到较好的聚磁效果，使 $r_1 = R$。也就是说，极靴的形状将由 r_2 和 θ 决定。

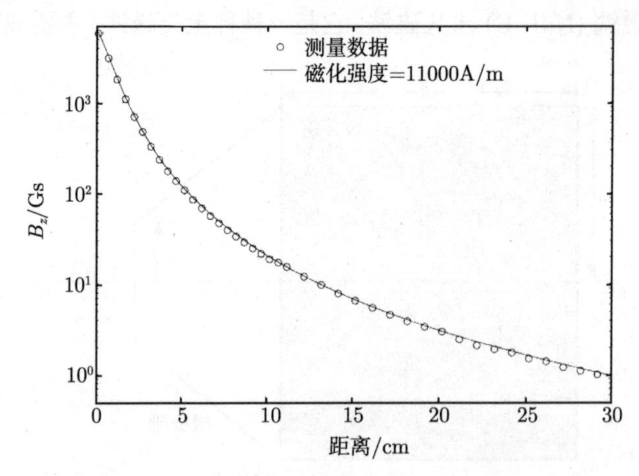

图 3.6　NdFeB 永久磁铁的轴上磁场分布

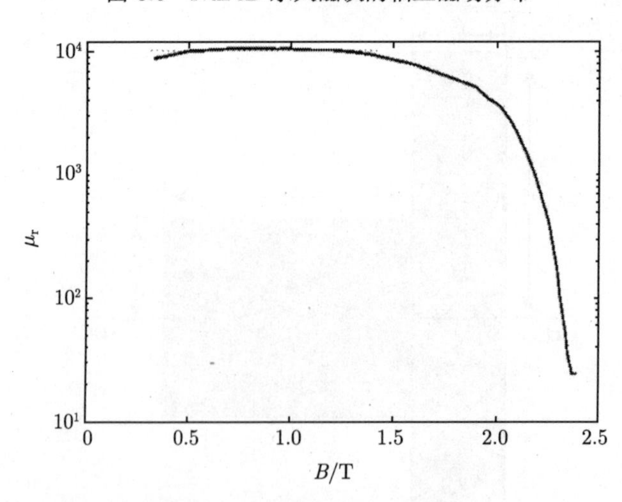

图 3.7　坡莫合金的 μ_r-B 曲线

用商业软件 Fieldprecision 对不同形状磁极靴作用下的磁场进行比较分析。结果表明：当满足条件 $0.8\text{mm} \leqslant r_2 \leqslant 1.2\text{mm}$，$42° \leqslant \theta \leqslant 48°$ 时，r_2 所在端面中心处可产生高于 1.0T 的磁场。在 $r_2 = 1\text{mm}$ 及不同 θ 值设置条件下，磁铁–磁极靴复合系

统轴上磁场分布分别如图 3.8~ 图 3.10 所示，其中横坐标为 0 的位置对应于磁极靴 r_2 所在的端面中心。这里需要特别强调的是，在分析中发现：当 $r_2 = 0$ 时，无论 θ 取什么值，都不能达到较好的聚焦效果。这可能是因为在尖端处，材料的磁通弥散较大。基于此，将磁极靴参数确定为 $r_2 = 1\text{mm}$，$\theta = 45°$ 。对比图 3.9 与图 3.6 也可看出：在磁极靴作用下，磁场不仅达到了较高的强度，而且此不均匀磁场具有较为急剧的变化。这为实现前面提及的磁瓶型飞行时间电子能谱仪中缩短不均匀磁场强准直区的要求提供了可能性。

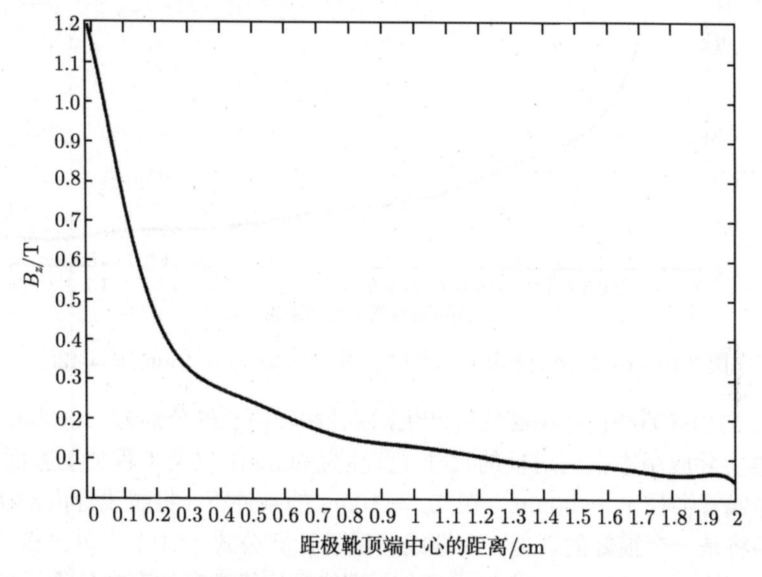

图 3.8 磁铁–磁极靴复合系统轴上磁场分布 ($r_2 = 1\text{mm}$，$\theta = 48°$)

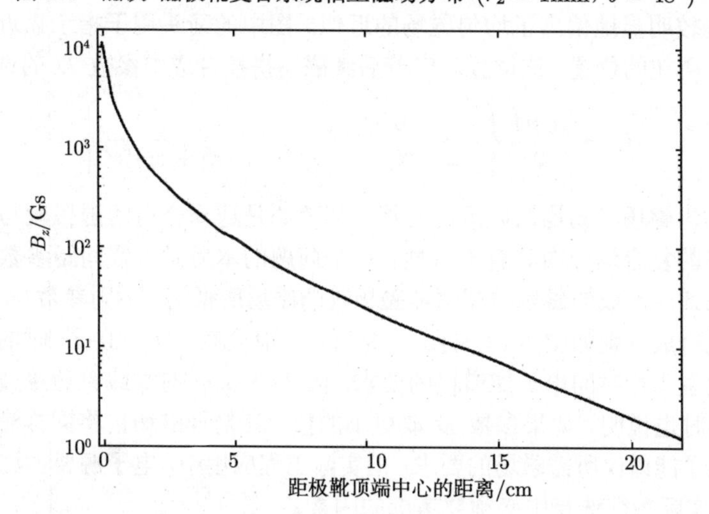

图 3.9 磁铁–磁极靴复合系统轴上磁场分布 ($r_2 = 1\text{mm}$，$\theta = 45°$)

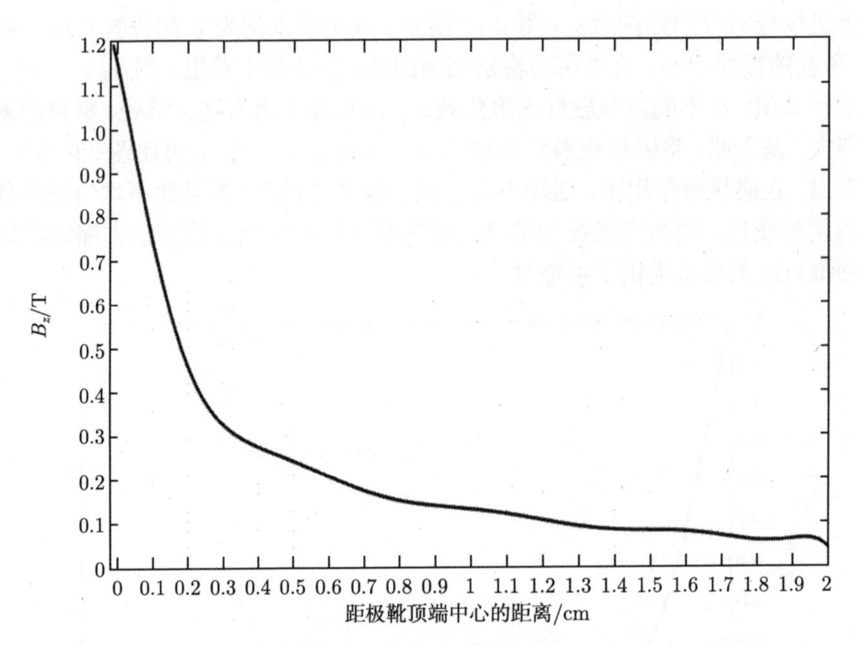

图 3.10　磁铁–磁极靴复合系统轴上磁场分布 ($r_2 = 1\text{mm}$，$\theta = 42°$)

10Gs 弱引导磁场由通电螺线管产生，内径和轴向长度分别为 $r_\text{s} = 30\text{mm}$，$L_\text{s} = 3\text{m}$。根据实际应用中微通道板的尺寸 (直径为 50mm) 以及工程加工方面的考虑，特选择螺线管半径 $r_\text{s} = 30\text{mm}$。在 $L_\text{s} = 100r_\text{s}$ 的条件下，将螺线管内部磁场看作均匀磁场将是一个很好的近似，由螺线管磁场计算公式 (3.15) 可以求得其轴上磁场分布，如图 3.11 所示。由图 3.11 可知，螺线管边缘效应的存在使靠近螺线管边缘处的磁场较明显地偏离了均匀磁场的近似。图中的箭头用于指示靠近磁极靴的螺线管端面所在的位置，该位置对应着后续磁场拼接合成中参数 D 的选择。

$$B_{z_\text{p}} = \frac{\mu_0 nI}{2}\left\{\frac{L - z_\text{p}}{\left[r^2 + (L - z_\text{p})^2\right]^{1/2}} + \frac{z_\text{p}}{(r^2 + z_\text{p}^2)^{1/2}}\right\} \tag{3.15}$$

强非均匀磁场与弱均匀磁场的合成，其核心是选择合适的磁极靴与螺线管间距以使最终的复合场分布具有单调性。这个问题的本质是设置间距参数 D，以使螺线管边缘效应造成的磁场的减弱被磁极靴的磁场所抵消。不同参数 D 下的非均匀磁场系统合成分别如图 3.12 与图 3.13 所示。很显然，$D = 10\text{cm}$ 时的磁场分布不满足磁瓶型飞行时间电子能谱仪的要求；而 $D = 5\text{cm}$ 时螺线管边缘效应恰好被抵消。这同时也说明，如果参数 D 取更小的值，其复合磁场也将同样满足磁瓶型飞行时间电子能谱仪所需磁场的要求。但实际工程应用中，电子源要占用一定的空间，这也是实际参数选择中必须要考虑的因素。

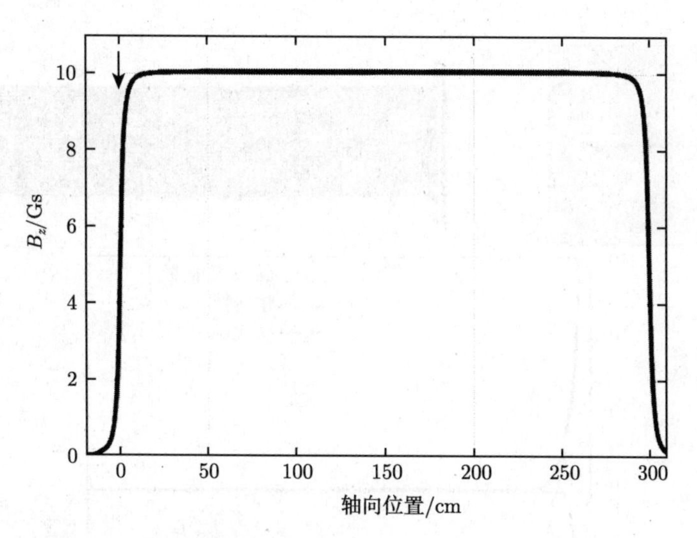

图 3.11 通电螺线管轴上磁场分布 ($r_s = 30$mm，$L_s = 3$m)

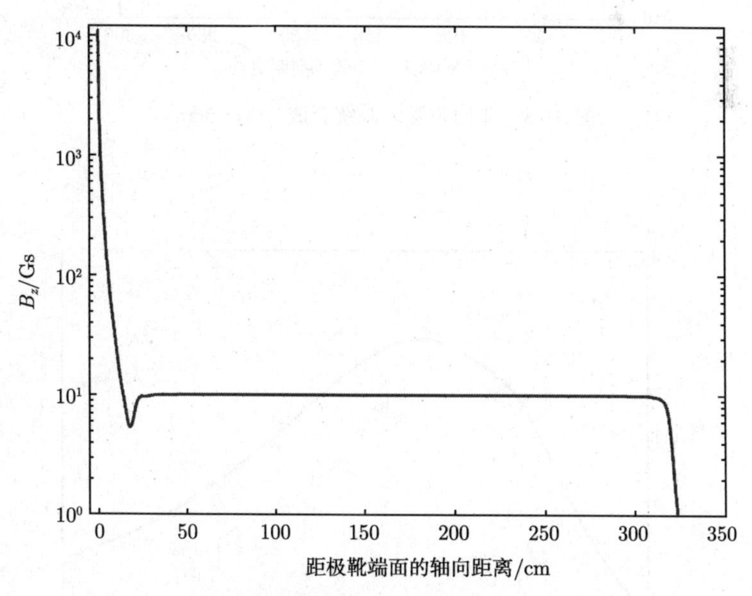

图 3.12 非均匀磁场系统合成 ($D = 10$cm)

对于最终确定的复合磁场，根据式 (3.9) 计算其磁场绝热参数，结果如图 3.14 所示。$\chi_B < 1$ 的结果证明了此复合磁场设计的合理性。在假设电子探测器时间分辨率 $\Delta t_{\min} = 1$ns 的实际可实现条件下，无拒斥场时系统的能量分辨率如图 3.15 所示。

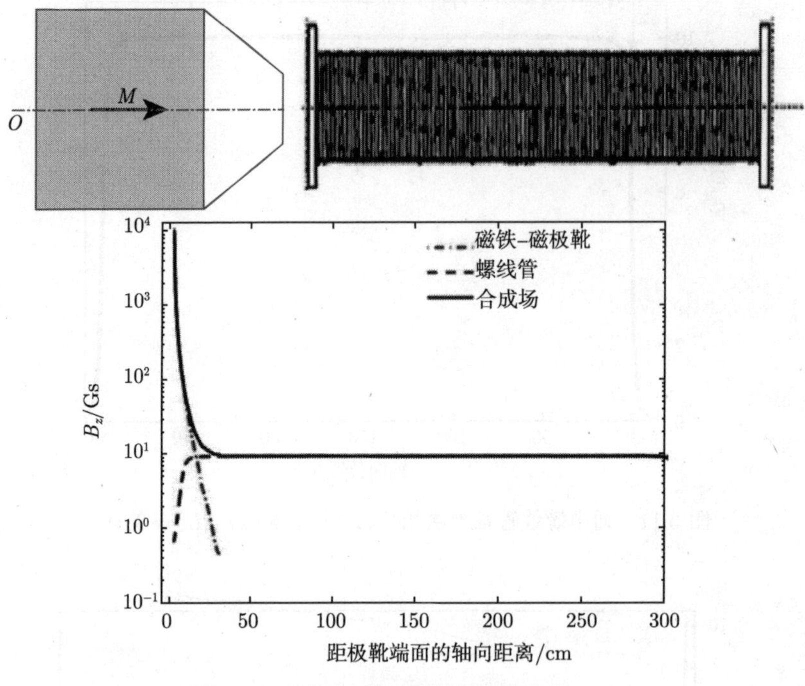

图 3.13 非均匀磁场系统合成 ($D = 5$cm)

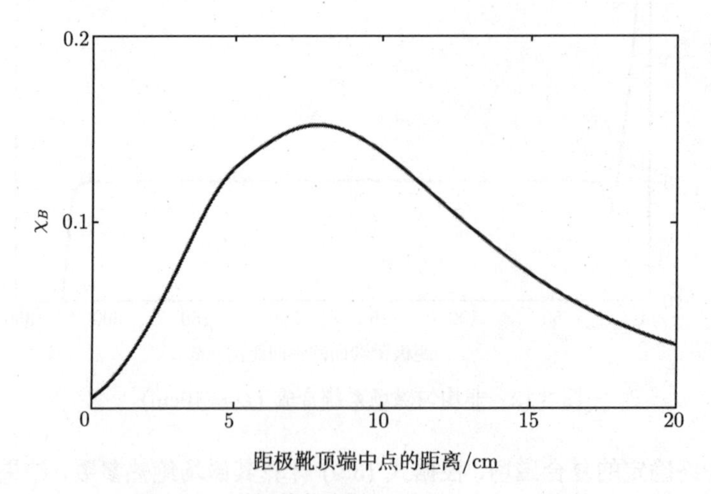

图 3.14 磁场绝热参数 ($D = 5$cm, ε=1eV)

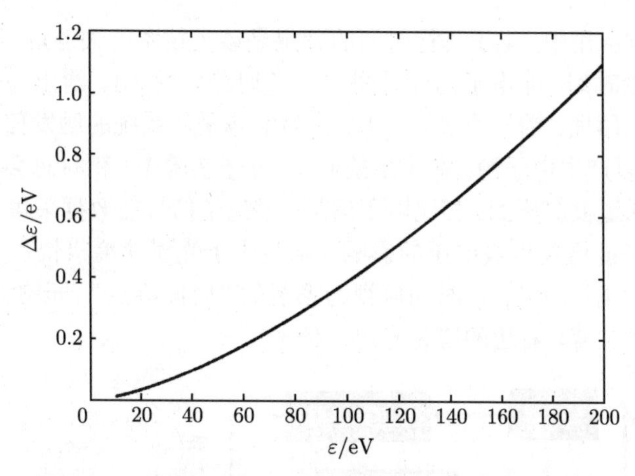

图 3.15 无拒斥场时系统的能量分辨率 ($\Delta t_{\min}$=1ns)

前面介绍了磁瓶型飞行时间电子能谱仪中非均匀磁场系统的设计，接下来进一步确定能谱仪的其他结构参数。根据 3.1 节所述的磁瓶型飞行时间电子能谱仪的工作原理可知，电子将绕着磁力线做螺旋运动直至被探测器俘获，系统对电子的俘获等效于对磁力线的空间收集，因此系统结构参数的设置必须以磁力线三维空间分布为依据。能谱仪系统内任一空间点处的磁感应强度 B 可表示为

$$B = B_{\mathrm{p}} + B_{\mathrm{s}} \tag{3.16}$$

式中，B_{p}、B_{s} 分别为磁铁–磁极靴和通电螺线管产生的磁感应强度。这里给出磁瓶型飞行时间电子能谱仪的设计实例，如图 3.16 所示，其中的锥形孔用于差分抽气。

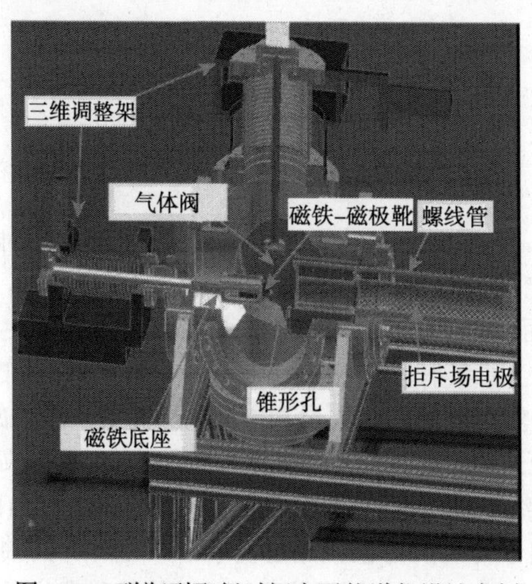

图 3.16 磁瓶型飞行时间电子能谱仪设计实例

在实际工程应用中，电子飞行时间的确定是该类技术的关键点，其核心是准确核实电子的产生时刻，即电子飞行时间的“0”时刻。图 3.17 给出了确定电子产生“0”时刻的技术原理。前一个脉冲 (①) 作为信号采集系统的触发信号，相邻后一个脉冲 (②) 用以产生电子源。在实际的原子/分子实验中，靶材总会散射少量飞秒光而使其被微通道板探测到。相比电子信号，该光子信号在数据采集卡上的数据记录通道不受电子能谱仪电极电压的影响，同时由于光子速度极快而可忽略光子在电子能谱仪中的飞行时间，该时间可视为系统的“时间零点”(即图 3.17 中二维信号图中的左边的尖峰，右边的峰为光电子信号)。

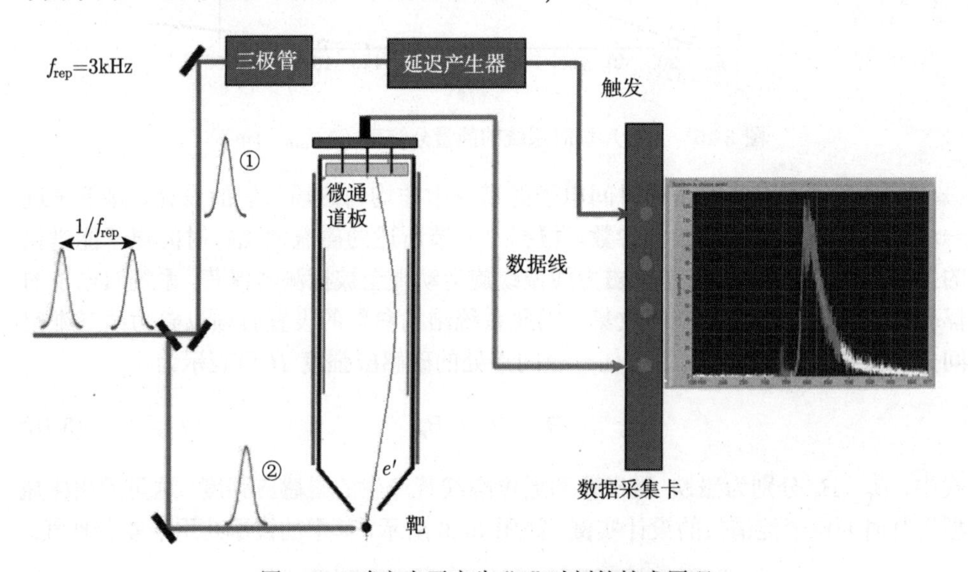

图 3.17　确定电子产生“0”时刻的技术原理

3.3　侧极靴磁透镜

3.2 节已经指出，电子源所在的强磁感应强度的量值 B_s 对磁瓶型飞行时间电子能谱仪的整体性能至关重要。针对图 3.5 中的两类设计方案，其轴上磁场峰值总位于磁铁系统的端面上。强磁场区磁场的变化极为剧烈，即使将气体靶置于与端面相距 1mm 远的位置，其有效磁感应强度也仅为 0.75T，远低于磁场峰值 1.2T。实际应用中，虽然仍然可以通过优化设计方案以提高电子源处的有效磁感应强度，但这类设计的技术瓶颈并没有克服：电子源不能置于峰值磁场处，因此磁场利用率低。基于此，本节介绍一种侧极靴磁透镜设计方案，如图 3.18(b) 所示 [5–8]。为了比较，这里一并给出了传统的内极靴磁透镜 (图 3.18(a))，其轴上磁场峰值位于极靴间隙中。从下面的分析中可知，侧极靴磁透镜的峰值磁场位于透镜实体空间的外部，且其量值与透镜参数之间存在着一定的约束关系，这种特性恰好可以弥补前述强磁场设计方案的固有技术瓶颈。

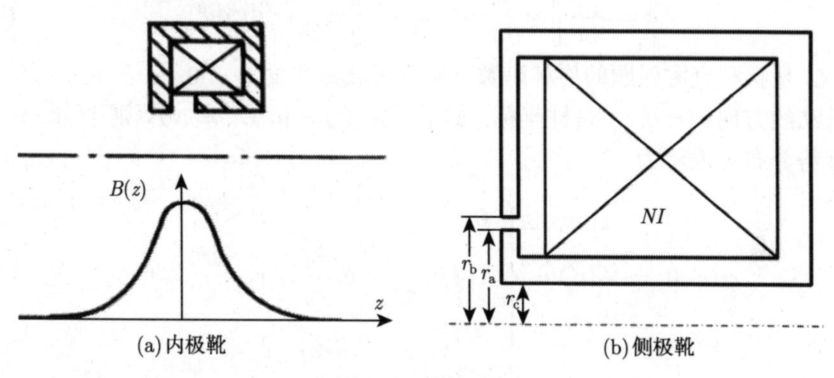

图 3.18 磁透镜

假定磁路没有因磁饱和而漏磁，即磁材料是线性响应的情况，此时可以采用磁标势来求解空间磁场分布。极靴表面为等磁势面，磁势差即为透镜的激励 NI，则

$$U_{\mathrm{b}} - U_{\mathrm{a}} = NI \tag{3.17}$$

式中，U_{b} 和 U_{a} 分别代表磁极靴表面的磁标势，如图 3.19 所示。对于磁透镜

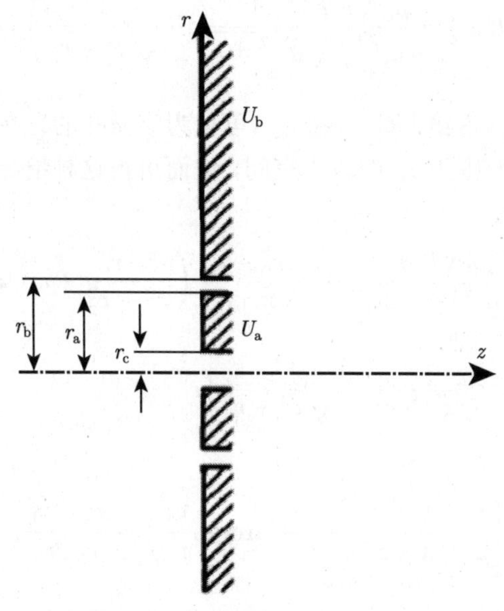

图 3.19 侧极靴磁透镜分析模型

没有内孔的情况，即 $r_\mathrm{c} \to 0$，透镜所围区域外侧空间 $(z < 0)$ 的磁标势可由格林定理求得

$$\phi = \frac{-1}{4\pi}\iint \phi \frac{\partial G}{\partial n}\mathrm{d}A' = \frac{-1}{4\pi}\iint \phi \frac{\partial G}{\partial n} r'\mathrm{d}r'\mathrm{d}\theta' \tag{3.18}$$

式中，G 是狄利克雷问题的格林函数；积分区域是平面 $z = 0$；n 表示 $z < 0$ 半空间的外法线方向；(r, θ, z) 是柱坐标。如果设定 $U_\mathrm{a} = 0$，$U_\mathrm{b} = NI$，则平面 $z = 0$ 内的磁标势分布可表示为

$$\phi(r', 0) = V(r') = \begin{cases} 0, & r' \leqslant r_\mathrm{a} \\ NI \ln \dfrac{r'}{r_\mathrm{a}} \Big/ \ln \dfrac{r_\mathrm{b}}{r_\mathrm{a}}, & r_\mathrm{a} < r' < r_\mathrm{b} \\ NI, & r' \geqslant r_\mathrm{b} \end{cases} \tag{3.19}$$

联立式 (3.18) 和式 (3.19) 可得

$$\phi(r, z)|_{z<0} = \frac{-1}{4\pi}\int_0^{2\pi} \mathrm{d}\theta' \int_0^{\infty} r'\mathrm{d}r' V(r') \frac{\partial}{\partial z}\left(\frac{1}{R} - \frac{1}{R'}\right) \tag{3.20}$$

式中，$\dfrac{1}{R} - \dfrac{1}{R'}$ 为狄利克雷问题的格林函数，R 和 R' 分别为源点与场点及源点与像点之间的距离。对于轴上场点，可得其磁感应强度为

$$B(z) = \frac{\mu_0 NI}{\ln \dfrac{r_\mathrm{b}}{r_\mathrm{a}}}\left(\frac{1}{\sqrt{z^2 + r_\mathrm{a}^2}} - \frac{1}{\sqrt{z^2 + r_\mathrm{b}^2}}\right) \tag{3.21}$$

对于微孔侧极靴磁透镜，即 $r_\mathrm{c} \ll r_\mathrm{a}$，可认为该微孔的存在对空间磁场分布的影响仅仅局限在轴向范围为 r_c 的较小空间，进而可得这种情况下的轴向磁感应强度为

$$\begin{aligned} B(z) = & \frac{-\mu_0 NI}{\ln \dfrac{r_\mathrm{b}}{r_\mathrm{a}}}\left[\frac{r_\mathrm{b} - r_\mathrm{a}}{2r_\mathrm{b} r_\mathrm{a}} + \frac{r_\mathrm{b} - r_\mathrm{a}}{\pi r_\mathrm{b} r_\mathrm{a}}\left(\frac{z \cdot r_\mathrm{c}}{z^2 + r_\mathrm{c}^2} + \arctan\frac{z}{r_\mathrm{c}}\right)\right. \\ & \left. + \frac{1}{\sqrt{z^2 + r_\mathrm{b}^2}} - \frac{1}{\sqrt{z^2 + r_\mathrm{a}^2}}\right], \quad z < 0 \end{aligned} \tag{3.22a}$$

以及

$$B(z) = \frac{-\mu_0 NI}{\ln \dfrac{r_\mathrm{b}}{r_\mathrm{a}}}\left[\frac{1}{2} - \frac{1}{\pi}\left(\frac{z r_\mathrm{c}}{z^2 + r_\mathrm{c}^2} + \arctan\frac{z}{r_\mathrm{c}}\right)\right] \cdot \frac{r_\mathrm{a} - r_\mathrm{b}}{r_\mathrm{a} \cdot r_\mathrm{b}}, \quad z \geqslant 0 \tag{3.22b}$$

侧极靴磁透镜轴上磁场分布对参数 r_a、r_b、r_c 的依赖性分别如图 3.20~图 3.22 所示。由图可知，磁场峰值位于磁透镜所围空间的外部，也即平面 $z = 0$ 的左侧。

为计算方便，前面以规则形状的磁极靴为例进行了半定量分析，实际应用中为进一步优化空间磁场分布，可相应改变侧极靴的形状，如图 3.23 所示。

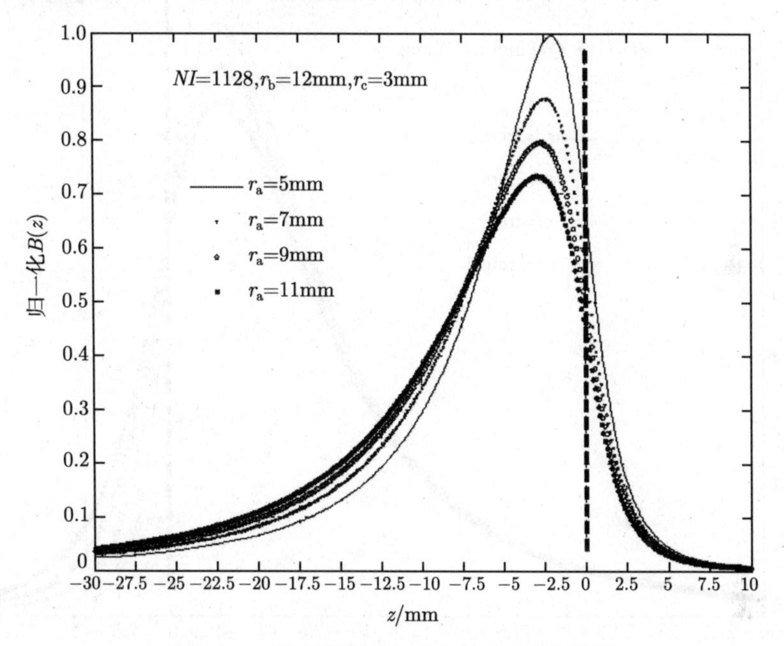

图 3.20 轴上磁场分布对参数 r_a 的依赖性

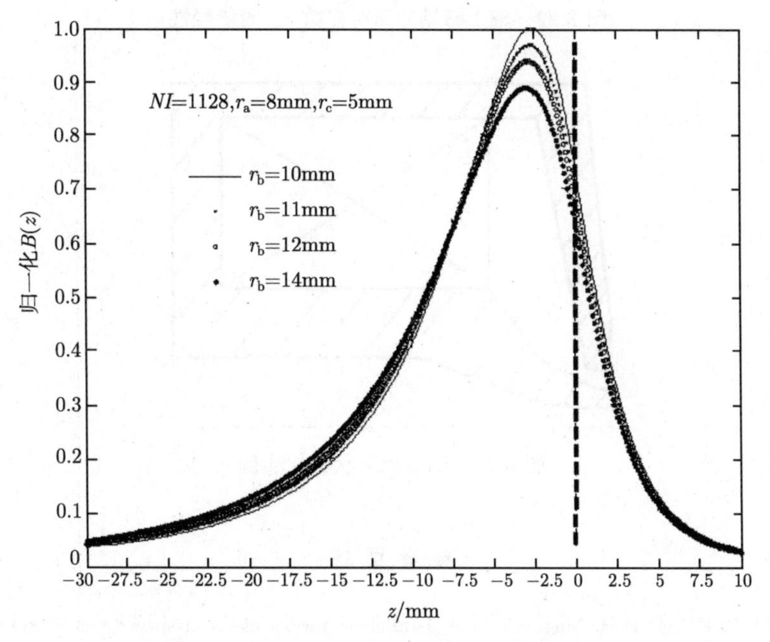

图 3.21 轴上磁场分布对参数 r_b 的依赖性

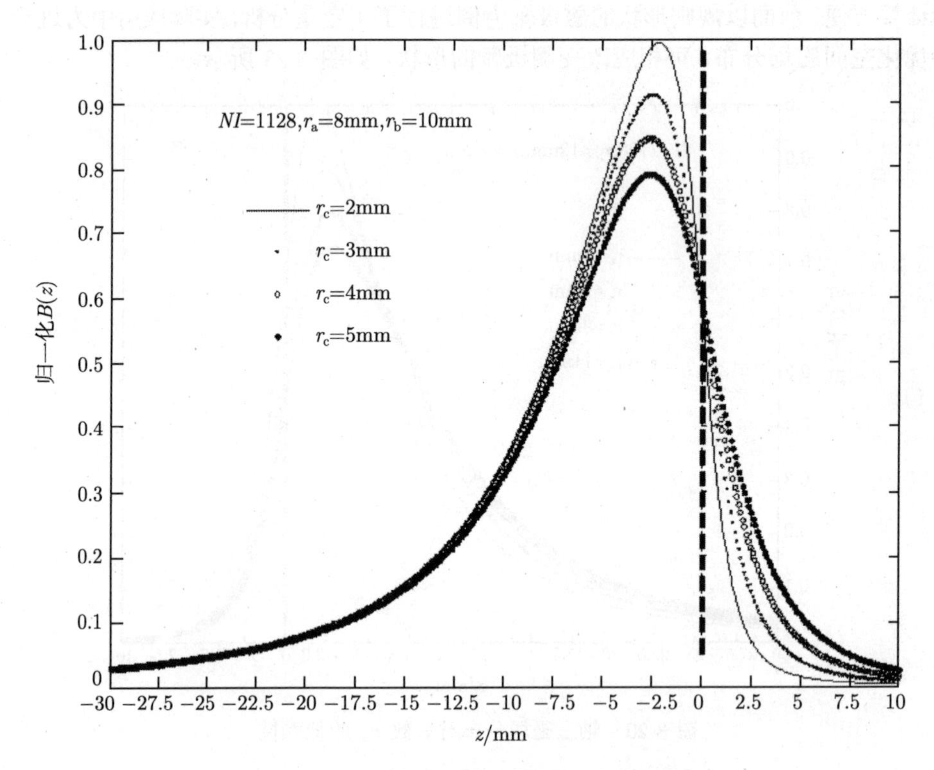

图 3.22　轴上磁场分布对参数 r_c 的依赖性

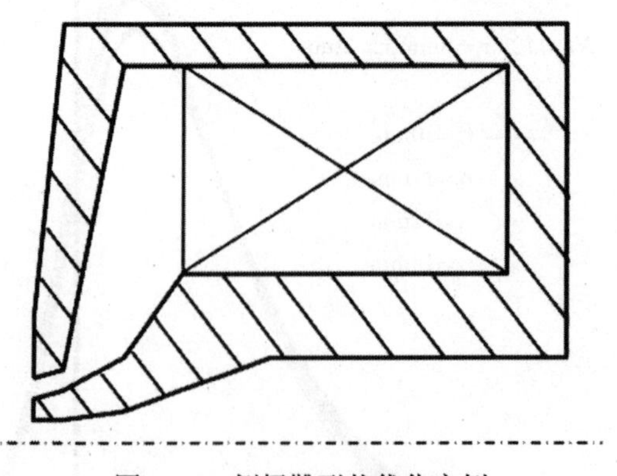

图 3.23　侧极靴形状优化实例

参 考 文 献

[1] KRUIT P, READ F H. Magnetic field paralleliser for 2π electron spectrometer and electron-image magnifier[J]. Journal of Physics E: Scientific Instruments, 1983, 16: 313–324.

[2] 王超，田进寿，张美志，等. 磁瓶飞行时间谱仪用复合磁场系统设计 [J]. 强激光与粒子束，2011, 23(7): 1810–1812.

[3] TSUBOI T, XU E Y, BAE Y K, et al. Magnetic bottle electron spectrometer using permanent magnets[J]. Review of Scientific Instruments, 1988, 59(8): 1357–1362.

[4] LABLANQUIE P, ANDRIC L, PALAUDOUX J, et al. Multielectron spectroscopy: Auger decays of the argon 2p hole[J]. Journal of Electron Spectroscopy and Related Phenomena, 2007, 156–158: 51–57.

[5] TANG T T, SONG J P. Side pole-gap magnetic electron lenses[J]. Optik, 1990, 84(3): 108–112.

[6] TSUNO K, HONDA T. Magnetic field distribution and optical properties of asymmetrical objective lenses for an atomic resolution high voltage electron microscope[J]. Optik, 1983, 64(4): 367–378.

[7] ABBASS T M, NASSER B A. Study of the objective focal properties for asymmetrical double polepiece magnetic lens[J]. British Journal of Science, 2012, 6(2): 43–50.

[8] TSUNO K. Computer simulation of aberrations in a transmission electron microscope with a triple polepiece projector lens[J]. Journal of Physics E: Scientific Instruments, 1984, 17: 1038–1045.

第4章　条纹相机及条纹技术

4.1　变像管条纹相机

变像管是一种宽束电子光学成像器件 [1−5]，一般由三部分组成：光电阴极、电子光学系统和荧光屏。其基本工作原理如图 4.1 所示：所观察或被拍摄的目标通过光学系统成像在变像管输入窗上的光电阴极上；光电阴极在光的照射下发出光电子，逸出的光电子数目正比于照射到光电阴极面上各点的照度，因此光电阴极面上发射的电流密度将对应光学图像上的亮度分布，这样，光学图像变成光电子图像；电子光学系统会使由光电阴极的一点 (物点) 发出的电子聚到荧光屏的一点 (像点) 上，即完成了聚焦作用，同时还保证聚焦后各点的相互位置与光电阴极上原来物点的相互位置对应，即完成了成像作用；光电子通过电子光学系统，被加速聚焦到输出窗上的荧光屏上，荧光屏在电子的轰击下发光，而且屏上各点的发光亮度与落到各点的电子数目和电子能量成正比，因此屏上亮度的分布将与原来光学图像的亮度分布相对应，于是电子图像在荧光屏上又变换成供观察或拍摄的可见光学图像了。以上就是在直流电压下工作的变像管的工作原理。

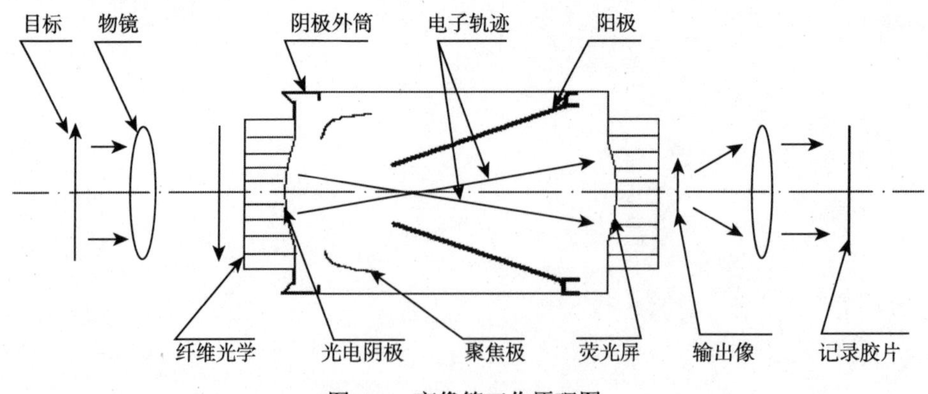

图 4.1　变像管工作原理图

变像管条纹相机的工作原理如图 4.2 所示 [1]。它由光电阴极 (PC)、加速系统 (M)、聚焦系统 (F)、偏转系统 (D) 和荧光屏 (PS) 等部分组成。透镜将瞬态光源 A 的像成在狭缝上，狭缝取出 A 的一维空间信息通过透镜成像在变像管的光电阴极上。当光电阴极上的狭缝部分被 A 发出的光脉冲照明时，光电阴极将发射光电子，并且光电子的瞬态发射密度正比于该时刻的光脉冲强度，所产生的光电子脉冲的持续时间就是入射光脉冲的持续时间，光电阴极发出的电子脉冲在时空结构上是入射光脉冲的复制品。只要测出电子脉冲的时空结构，就可以得到入射光脉冲的时空结构。电子脉冲从阴极上发出，经静电聚焦系统聚焦后进入偏转系统。偏转系统上加有随时间线性变化的斜坡电压，由于不同时刻进入偏转系统的电子受到不同偏转电压的作用，电子束到达荧光屏时，将沿垂直于狭缝的方向展开，这一方向对应于时间轴，因此可以得到沿狭缝每一点展开的时间信息。为了保证电子脉冲和斜坡电压的同步，在光路中引入分束器。该分束器将一部分光送入物镜，另一部分光送入光电二极管，由光电二极管输出的电脉冲经可变延时器适当延时后触发斜坡发生电路。电子经前面的系统加速后轰击荧光屏，转换为可见光。荧光屏输出的狭缝扫描图像，一般采用接触照相机或 CCD 实时读出系统记录。由于电子束在运动中具有比任何机械结构小得多的惯性，而利用超快速开关元件很容易产生瞬变电场所需的电压波形，扫描变像管技术可以获得极高的时间分辨率。

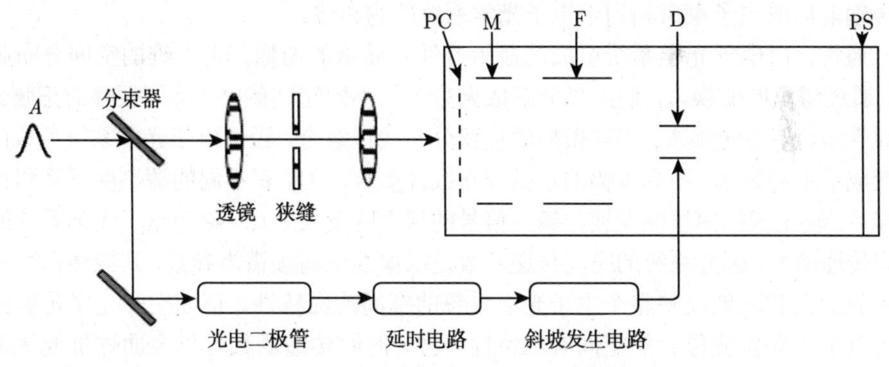

图 4.2 变像管条纹相机的工作原理

4.1.1 基本性能参数

对于实用的扫描变像管，标定其性能的物理参数主要有空间分辨率、时间分辨率、动态范围等。空间分辨率表征的是变像管的成像质量。为了得到好的像质，不仅要求电子光学聚焦系统具有小的几何像差和色差，而且要求其具有小的空间电荷效应像差。严重的空间电荷效应所产生的电子，散焦在扫描变像管中常会造成图像畸变和空间分辨率的降低。另外，为了保证偏转后的像质，要求聚焦系统和偏转系统有最小的相互影响效应和最小的偏转像差。时间分辨率通常定义为胶片记录过程中的最小时间间隔。在进行单幅与多幅高速摄影时，每一幅的曝光时间都必须大于光电子从阴极运动到交叉点的渡越时间才可得到好的像质。但是实际上，同一时刻从光电阴极上发出的光电子的初始速度不同，存在着统计涨落以及光电子从阴极到荧光屏路程上的库仑排斥和场的不均匀性，这些都会造成光电子的渡越时间弥散，而直接限制变像管的时间分辨率。在实际的变像管性能分析时，常引入调制传递函数来描述变像管的时空响应特性。动态范围指的是为保证变像管获得真实可靠信息所允许的输入强度范围。动态范围的确定就是确定输入变像管的最大光能密度与最小光能密度。变像管的各个环节都会以不同的机制限定输入的强度，如光电阴极的横向面电阻、微通道板的电荷饱和效应、荧光屏输入电荷量与发光亮度的非线性关系以及空间电荷效应对动态空间分辨率的影响等。其中，决定动态范围上限的主要因素是空间电荷效应。影响变像管条纹相机时间分辨率和空间分辨率的物理与技术因素有光电子初始能量、位置分布和初始出射角分布，空间电荷效应，偏转系统的时空弥散以及变像管各部件位置的装架精度等。

对于实际的电子光学系统，由于像差的存在，一个物点由电子光学系统所成的像并不是一个理想的光点，而是一个光强从中心向外扩展、弥散而形成的中间亮、四周渐暗的光斑。此弥散斑的空间分布可以用一个点扩展函数来表示，它反映了电子光学系统的成像性质。如果把电子光学系统看成一个线性平移不变的传输系统，则传输前后的电子束斑相当于电子光学系统的物和像。

通常，由电子光学系统组成的显示器件所显示的图像，是二维的空间分布函数。通过傅里叶变换，它们可以分解成无穷多个不同空间频率、不同振幅的正弦分布线性组合。不同频率、不同振幅的正弦分布线性组合，经过电子光学系统后成的像变成了不同频率、不同振幅的正弦分布线性组合，且将有不同的调制度下降和相位滞后。输出像的傅里叶变换与输入信号的傅里叶变换之比，称为电子光学系统的空间传递函数。因此系统的空间传递函数是以像的空间频谱为参数，其能够在空间频率域上更客观地反映整个电子光学系统的空间响应特性。正如空间光学传递函数可以全面评价变像管的空间响应特性一样，时间传递函数可以全面评价变像管的时间响应特性。

在变像管性能的分析及标定中，时间分辨率又被细分为技术时间分辨率和物理时间分辨率两个部分，总的时间分辨率 $\tau=\sqrt{\tau_{\mathrm{p}}^2+\tau_{\mathrm{t}}^2}$。技术时间分辨率 $\tau_{\mathrm{t}}=(v\delta)^{-1}$，其中 v 表示扫描速度，δ 为扫描方向的静态空间分辨率。物理时间分辨率定义为 $\tau_{\mathrm{p}}=\sqrt{\sum\tau_i^2}$，其中 τ_i 代表变像管各部分造成的时间弥散。显然，物理时间分辨率是光电子在变像管各部分渡越时间弥散的总效果，任何一个位置或时刻的弥散都是前一个位置或时刻时间弥散的历史发展。当然，以上时间分辨率没有考虑空间电荷效应引起的时间弥散。

变像管条纹相机是一种在空间上和时间上都要求成像的电子光学器件。正如各种光学像差会影响图像的分辨率一样，同一时刻发射的光电子在整个变像管的渡越过程中存在的渡越时间弥散，也将严重影响光学系统的时间分辨性能。导致这种时间弥散的根本原因是光电子发射的初始能量分布、初始角度分布以及空间电荷效应 [6−13]。阴极的作用是将输入辐射信息转换成电子信息。对输出信号有贡献的电子产生于阴极的不同位置，具有不同的能量，其向表面迁徙的过程也不同，因此发射出的电子不但具有能量弥散，而且具有时间弥散。理论分析证明，光电效应产生的光电子的时间弥散小于 10^{-13}s[6]。根据电子在系统中相继渡越的区域，其时间弥散又可细分为阴极到栅网的渡越时间弥散、聚焦系统的渡越时间弥散、偏转系统的渡越时间弥散、偏转系统后等位区的渡越时间弥散。对于这几部分产生的时间弥散，文献 [6]、[9]、[13] 中已做了详尽的分析，最终的结论为：变像管系统轴上电位越高，电子光学系统的轴向尺寸越小，电子在整个系统中的渡越时间就越小，最终将使各部分的时间弥散都减小。有关每部分详细的讨论，本书不再赘述，结论的引用是为了与本书提出的优化思路进行对照。电子群体在从阴极运动到荧光屏期间，由于受到电子间库仑排斥作用，电子束不断膨胀，产生了电子在横向和轴向的重新分布。重新分布的结果将导致扫描变像管空间特性和时间特性的恶化。对于横向的重新分布，将使电子束截面变大。对于轴向的重新分布，库仑排斥作用将产生脉冲前沿电子的加速和脉冲后沿电子的减速，因此产生了时间弥散。入射的辐射脉冲越窄，电子轴向尺度越小，空间电荷效应导致的时间弥散效应越明显。一般情况下，空间电荷效应对脉冲展宽的影响为 $10^{-14} \sim 10^{-12}$s 量级[10]。很显然，正如文献 [10]、[14]~[17] 中分析的那样，电子渡越时间的减小也将降低空间电荷效应对电子时间弥散的影响。

4.1.2 电子渡越时间弥散

总体说来，影响变像管条纹相机主要性能的限制因素包括：光电阴极不同位置的发射电子，从发射点到偏转中心的渡越时间的不一致性，即渡越时间弥散；变像管作为电子透镜在电子束偏转方向的空间聚焦情况，这里主要指的是聚焦透镜的散焦像差；电子束偏转系统的偏转非线性以及偏转系统在电子束偏转方向的空间聚焦情况，这里主要指的是偏转系统的散焦像差。对于以上限制因素中的第一点，其又分为电子发射纵向速度分散导致的渡越时间分散和电子从阴极不同位置以不同初始方向 (不同横向初始速度) 引起的渡越时间分散，即时间聚焦像差。这里仅考虑前者。本小节以描述时间分辨率最基本的物理参数 —— 时间弥散为唯一参数，通过建立理论模型详细分析变像管中电场的分布对电子发射纵向速度分散导致的电子渡越时间弥散的影响。同时，这样的分析也能够更加清楚地理解已有优化措施的物理机制。

对于常用的变像管条纹相机，在各电极能够形成电子透镜以实现对电子横向聚焦的前提下，内部电场分布的空间不均匀性将导致另外一个问题：同一时刻从光电阴极上发射的所有光电子，由于具有不同的轨迹路径而将经历不同的场分布，最终将具有不同的飞行时间，此即为时间弥散 [18−23]。本小节主要从定性的角度分析变像管内部场分布的性质对时间弥散的影响，因此不对也没有必要对某一场分布情况下变像管内部不同轨迹电子的飞行时间逐一分析计算。这里，场分布的性质指的是此场分布的其中某一部分相对电子而言是加速场、减速场或者匀速漂移场，以及这几种场相对电子轨迹的空间先后分布。同时，本小节主要讨论时间分辨率而暂时忽略空间分辨率及动态范围，因此可以不考虑不同轨迹电子在空间的弥散而将所有电子都等效为只具有不同初始轴向速度的轴上电子，其原则是等效电子与原电子具有相同的飞行时间。当然，这个等效速度与电子原来的初始能量及飞行轨迹有关。根据以上等效原则，可以将这些电子等效为初始轴向速度范围为 $v_{\min} \sim v_{\max}$ 的轴上电子。下面将讨论不同性质的场分布对此等效电子时间弥散的影响。

对于任何以飞行时间为基本分析参数的分析器，总可以建立其初始参数与粒子飞行时间的函数关系。这里，粒子的初始参数为初始轴向速度 v_{i}，则此关系式为

$$t = f(v_{\mathrm{i}}) \tag{4.1}$$

因此，任意两个具有初始轴向速度分别为 v_1 和 v_2 的粒子的飞行时间差为

$$\Delta t = \left| \int_{v_1}^{v_2} \frac{\mathrm{d}t}{\mathrm{d}v_{\mathrm{i}}} \cdot \mathrm{d}v_{\mathrm{i}} \right| \tag{4.2}$$

也就是说，对于以上提及的等效初始轴向速度范围为 $v_{\min} \sim v_{\max}$ 的轴上电子，其最终的时间弥散为

$$\Delta t_{\mathrm{total}} = \left| \int_{v_{\min}}^{v_{\max}} \frac{\mathrm{d}t}{\mathrm{d}v_{\mathrm{i}}} \cdot \mathrm{d}v_{\mathrm{i}} \right| \tag{4.3}$$

针对本小节要分析的变像管，总有如下条件成立：

$$\frac{\mathrm{d}t}{\mathrm{d}v_{\mathrm{i}}} < 0 \tag{4.4}$$

式 (4.3) 可进一步化简为

$$\Delta t_{\mathrm{total}} = \int_{v_{\min}}^{v_{\max}} \left| \frac{\mathrm{d}t}{\mathrm{d}v_{\mathrm{i}}} \right| \cdot \mathrm{d}v_{\mathrm{i}} \tag{4.5}$$

由式 (4.5) 可知，相比 $\Delta t_{\mathrm{total}}$ 这个最终表示时间弥散的参数，参数 $|\mathrm{d}t/\mathrm{d}v_{\mathrm{i}}|$ 更加直接地描述了分析器中粒子飞行时间的速度色散特性，因此将这个参数称为时间弥散特征参量。很显然，时间弥散特征参量直接取决于分析器中的电场分布特性。

首先考虑电场分布仅包含加速场与匀速漂移场的情况，如图 4.3 所示。加速度为 a_1 的加速场区的长度为 mL。对于等效初始轴向速度为 v_i 的电子，其飞行时间函数及时间弥散特征参量分别为

$$t=\frac{nL}{v_\mathrm{i}}+\frac{\sqrt{v_\mathrm{i}^2+2a_1mL}-v_\mathrm{i}}{a_1}+\frac{(1-n-m)L}{\sqrt{v_\mathrm{i}^2+2a_1mL}} \tag{4.6}$$

$$\frac{\mathrm{d}t}{\mathrm{d}v_\mathrm{i}}=-\frac{nL}{v_\mathrm{i}^2}+\frac{1}{a_1}\left(\frac{v_\mathrm{i}}{\sqrt{v_\mathrm{i}^2+2a_1mL}}-1\right)-\frac{(1-n-m)Lv_\mathrm{i}}{\sqrt{(v_\mathrm{i}^2+2a_1mL)^3}} \tag{4.7}$$

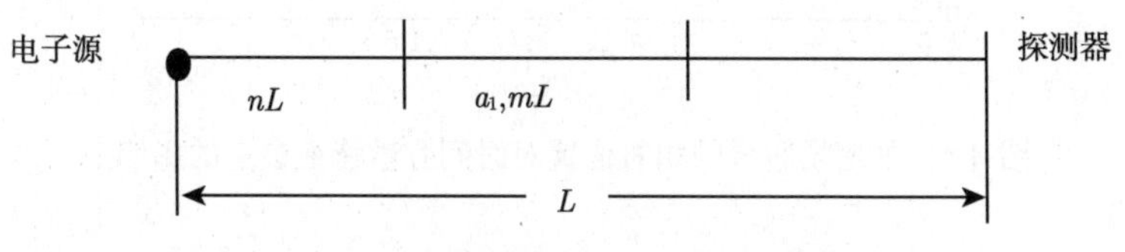

图 4.3 变像管中的电场分布示意图

加速场区域的相对位置对时间弥散特征参量的影响如图 4.4 所示。由式 (4.5) 可知，等效初始轴向速度范围为 $v_\mathrm{min}\sim v_\mathrm{max}$ 的轴上电子的渡越时间弥散即为对应时间弥散特征参量曲线段所包围区域的面积。因此在图 4.4 中，$n=0$，0.1，0.3，0.5 所对应电场分布中电子最终的渡越时间弥散即为区域 $D_1D_2v_\mathrm{max}v_\mathrm{min}$、$C_1C_2v_\mathrm{max}v_\mathrm{min}$ $B_1B_2v_\mathrm{max}v_\mathrm{min}$ 及 $A_1A_2v_\mathrm{max}v_\mathrm{min}$ 的面积。很显然，$n=0$ 情况下的时间弥散最小。也就是说，这样的电场设置有利于变像管时间分辨率的优化。当然，这也是 1969 年 Bradley 提出的在靠近光电阴极的地方设置加速网格电极以改善时间分辨率的根本物理机制。加速场区域中电子的加速度对时间弥散特征参量的影响如图 4.5 所示。由图 4.5 可知，在实际应用中光电阴极等要求允许的范围内，加速场区电子加速度的提高意味着变像管中电子时间弥散的减小。

不同性质电场单独存在时变像管系统的时间弥散特征参量分别为

$$\left.\frac{\mathrm{d}t}{\mathrm{d}v_\mathrm{i}}\right|_\mathrm{drift}=\left.\frac{\mathrm{d}t_a}{\mathrm{d}v_\mathrm{i}}\right|_{n=0,m=0}=-\frac{L}{{v_\mathrm{i}}^2} \tag{4.8}$$

$$\left.\frac{\mathrm{d}t}{\mathrm{d}v_\mathrm{i}}\right|_\mathrm{decel}=\left.\frac{\mathrm{d}t_b}{\mathrm{d}v_\mathrm{i}}\right|_{m=0,n=1}=\frac{1}{a_2}\left(1-\frac{v_\mathrm{i}}{\sqrt{v_\mathrm{i}^2-2a_2L}}\right) \tag{4.9}$$

$$\left.\frac{\mathrm{d}t}{\mathrm{d}v_\mathrm{i}}\right|_\mathrm{accel}=\left.\frac{\mathrm{d}t_a}{\mathrm{d}v_\mathrm{i}}\right|_{n=0,m=1}=\frac{1}{a_1}\left(\frac{v_\mathrm{i}}{\sqrt{v_\mathrm{i}^2+2a_1L}}-1\right) \tag{4.10}$$

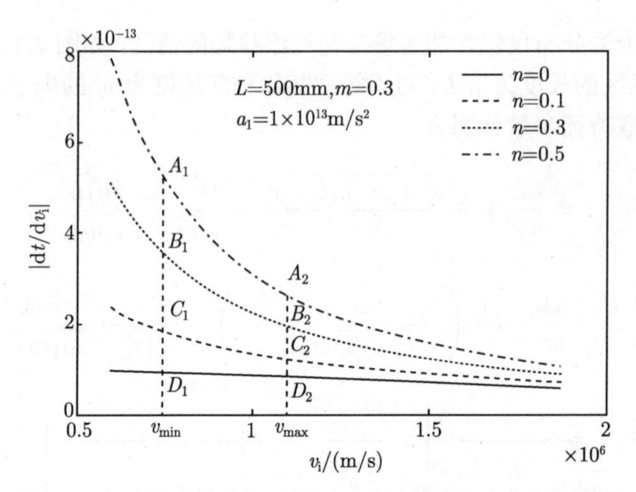

图 4.4　加速场区域的相对位置对时间弥散特征参量的影响

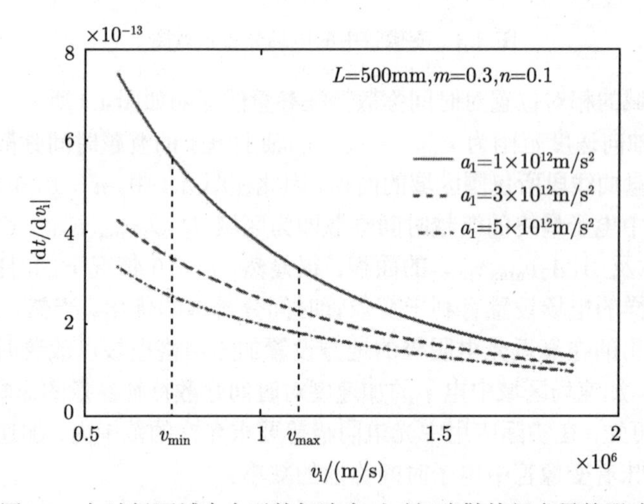

图 4.5　加速场区域中电子的加速度对时间弥散特征参量的影响

经分析可知，总有如下关系式成立：

$$\left|\left.\frac{\mathrm{d}t}{\mathrm{d}v_{\mathrm{i}}}\right|_{\mathrm{accel}}\right| < \left|\left.\frac{\mathrm{d}t}{\mathrm{d}v_{\mathrm{i}}}\right|_{\mathrm{drift}}\right| < \left|\left.\frac{\mathrm{d}t}{\mathrm{d}v_{\mathrm{i}}}\right|_{\mathrm{decel}}\right| \tag{4.11}$$

这说明三种性质的电场在抑制电子时间弥散方面的不同点：相比匀速漂移场，加速场具有较好的抑制时间弥散的作用，而减速场则增大了电子的时间弥散。因此，变像管中不同的空间电场分布对其中电子的渡越时间弥散影响的不同，从根本上说是不同性质的电场 (如加速场、减速场或者匀速漂移场) 各自对电子时间弥散影响的不同。

这里简单分析变像管条纹相机系统中的电子聚焦透镜系统。电子束的聚焦方案可分为电聚焦和磁聚焦两大类。在当今的高速摄影变像管条纹相机的研究及工程应用领域，常用的电子透镜系统大致可分为静电透镜与电磁透镜两类，如图 4.6 所示。其中，图 4.6(a) 所示的三电极静电透镜根据各电极电压的相对大小关系又可分为两种不同的作用机制类型。①传统的三电极电子光学聚焦系统，其聚焦部分由紧靠光电阴极的栅网、聚焦电极和阳极组成，实际应用中为达到更好的聚焦效果，常使聚焦电极电位较低。电位设置满足 $V_{\mathrm{F}}<V_{\mathrm{M}}<V_{\mathrm{A}}$。②三电极聚焦系统，所施电极电位满足 $V_{\mathrm{M}}<V_{\mathrm{A}}<V_{\mathrm{F}}$。所加阳极电位比聚焦电极电位低以使光电子束在两电极之间受到减速的作用，从而达到改善整个变像管系统偏转灵敏度的工程应用目的。常用的电磁聚焦系统由栅网电极、环流线圈和阳极组成。两电极上所加电位相等，即 $V_{\mathrm{M}}=V_{\mathrm{A}}$，其总体的聚焦作用由环流线圈产生的磁场来完成。这三种系统相应的轴上相对电位分布如图 4.7 所示。

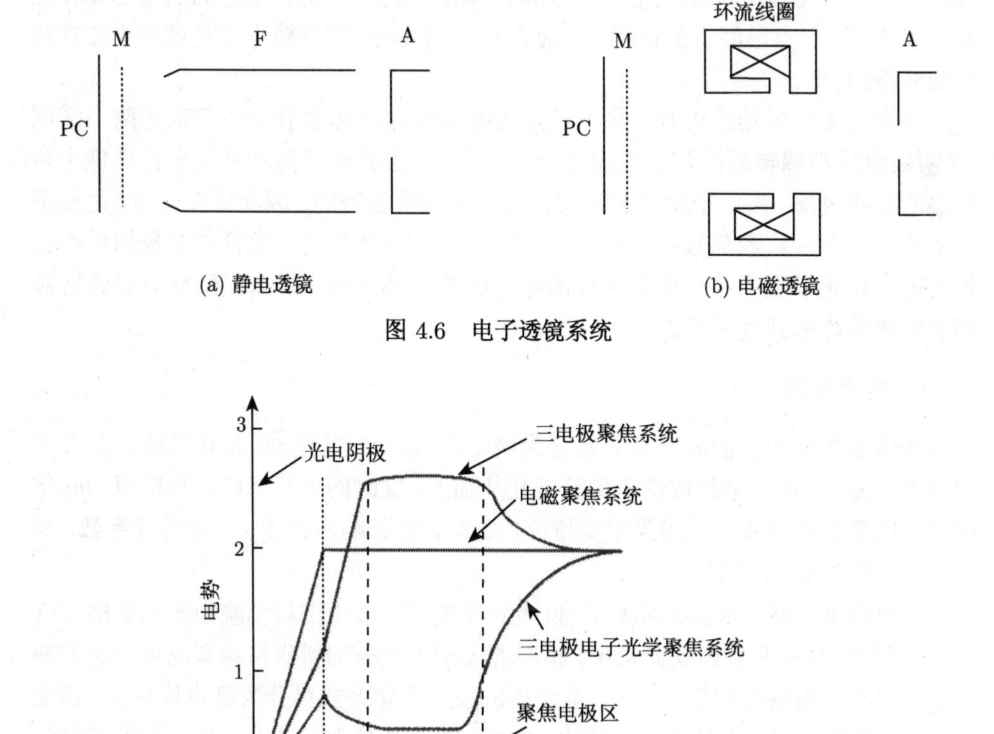

(a) 静电透镜 (b) 电磁透镜

图 4.6 电子透镜系统

图 4.7 三种电子光学透镜系统的轴上相对电位分布

对于以上三种电子光学系统，虽然都可以通过特定结构上的优化达到一定的聚焦效果，但其存在的缺陷也是需要认真考虑的。对于三电极电子光学聚焦系统，由于电极在其中受到排斥作用，光电子以较低的渡越速度通过聚焦系统，这不可避免地将加大电子束在此期间的散焦。通过光束质量劣化的积累效应，荧光屏上所呈现的光电子像将出现畸变。当然，这样的畸变最终也将影响到整个变像管实际的动态范围。对于三电极聚焦系统，聚焦电极使光电子得到进一步的加速，上述提及的图像畸变会得到减弱，因此可望获得较大的动态范围。但是，整个透镜系统较强的球差将使荧光屏上图像边缘的空间分辨率较低，导致最终的图像质量不是很理想。而对于电磁聚焦系统，载流线圈要消耗较大的功率，整机必须有可调的稳恒电流源，因此其运用不是很经济。另外，由于笨重的调磁透镜与管轴的重合比较麻烦，其调焦的灵敏度不高。更重要的是，根据前面介绍的时间分辨率优化理论可知，电子群在从高电位向低电位渡越的过程中其时间弥散将增大，因此三电极电子光学聚焦系统与三电极聚焦系统电场的分布使其在时间分辨率性能方面明显劣于电磁聚焦系统。这一点已经得到证明：目前较好的 180fs 时间分辨率正是使用电磁聚焦系统获得的 [14]。

综合以上分析结论可知，除了已知的电子脉冲时间弥散较为严重的两个区域 (光阴极附近和偏转后的等电位漂移空间) 之外，在光电子脉冲从高电位向低电位传输的区间内部，光电子脉冲的时间弥散也是非常显著的。因此可以认为，在保证电子透镜具有合适聚焦效果的前提下，如果能够通过改变变像管中电极的结构及相对电位设置以减小甚至去除这样的电子脉冲渡越区间，那么无疑将对变像管性能的优化设计起到有益的作用。

4.1.3 技术发展历史

变像管条纹相机的研究可大致分为两个阶段：20 世纪 90 年代以前以提高时间分辨率为主，在大量的理论和实验研究基础上，其时间分辨率已接近极限；90 年代以后以变像管诊断的应用为主要特征，如扩展波长响应范围，改善性能参数，向多功能、实用化方向发展。

我国超快诊断技术的研究始于 20 世纪中期 [1]，以中国科学院西安光学精密机械研究所 (简称中科院西安光机所) 和深圳大学为代表的科研机构和高校设计并研制了不同类型的条纹相机 [24−28]。条纹相机按照聚焦方式可分为静电聚焦式、磁聚焦式；按照偏转方式可分为磁偏转式、电偏转式、花样偏转式；按照工作模式可分为单次扫描条纹相机和同步扫描条纹相机；按照时间分辨能力可分为纳秒条纹相机、皮秒条纹相机、飞秒条纹相机；按照光谱响应范围可分为紫外/可见光条纹相机、红外条纹相机、X 射线条纹相机；基于实际应用研制了用于卫星激光测距的环形扫描条纹相机、激光雷达成像多狭缝条纹相机等。

国际上，条纹相机技术相对发达的国家有英国、俄罗斯、日本、德国以及法国。

下面具体介绍各国在条纹相机领域的研究进展。

国外对条纹相机技术的研究可追溯到 1949 年，英国的 Courtney-Pratt[2] 将磁聚焦磁偏转技术应用于条纹相机中，利用可变磁场实现了像的连续扫描，时间分辨率达到纳秒量级。之后，Bradley 等 [8] 在变像管阴极附近引入加速栅网，使阴极附近的场强大幅提高，进而将时间分辨率提高到 2ps。此后又先后研制成功了可见光、红外线、紫外线和 X 射线皮秒条纹相机。与中国的研究机构不同，在英国，一套条纹相机系统是由不同单位共同研制完成的，一个研究单位一般只负责其中一两种部件的研制工作。表 4.1 给出了英国各研究机构的主要研究内容。

表 4.1 英国各研究机构负责的条纹相机系统的研究内容

机构名称	研究内容
伦敦帝国学院	条纹相机及测量电路
Hadland 公司	条纹相机及控制电路
EMI 公司	像增强器及扫描管
ITL 公司	扫描管
Magnacine 公司	变像管及其相机
Mulard 公司	像增强器
ΔE-ΔT 公司	扫描管
贝尔法斯特女王大学	X 射线扫描相机
英国原子武器研究中心	条纹相机性能测试
卢瑟福 · 阿普尔顿实验室	X 射线扫描相机及其应用

俄罗斯在条纹相机研究方面有许多创新性成果，很多新理论和新技术是由俄罗斯的科学家提出的。例如，1965 年，Zavoisky 等 [6] 对变像管进行了理论研究，预言其对可见光的极限时间分辨率可达 10fs。此外，俄罗斯科学院普通物理研究所在研制条纹相机方面一直是领跑者，其中，Valerii Losovoi 课题组 [17] 于 2002 年研制成功的 PV-FS 型飞秒条纹相机的测试时间分辨率达到 200fs。

日本滨松公司研制的条纹相机代表着目前国际上通用性和产品化的最高水平之一。1994 年，该公司采用短磁聚焦电子光学系统，成功研制了时间分辨率为 180fs 的可见光波段飞秒条纹相机 [14]，随后推出了 C6138(FESCA-200) 商品化飞秒条纹相机，最高时间分辨率可达 100fs。此外，日本滨松公司在大动态条纹相机方面的成果也非常显著，其研制的 C7700 系列条纹相机通过提高电子的加速电压而减小空间电荷效应；利用狭缝代替栅网，减小电子碰撞栅网产生二次电子形成的噪声；采用一代大动态像增强器以避免微通道板的增益饱和效应；在慢扫描速度 (100ps 的时间分辨率) 下测定条纹相机的动态范围可以达到 10000:1。

法国的 Photonis 公司和德国的 Optronis 公司共同采用的板状电极对与电四极

透镜系统，使电子束沿扫描方向上不产生电荷密度高度集中的交叉点，有效地抑制了空间电荷效应 (认为空间电荷效应的影响可以忽略不计) 引起的时间和空间上的展宽，动态范围的测定值达到了 3700:1，时间分辨率约为 1ps。图 4.8 是时间分辨率约为 2ps 的 P600 型扫描变像管。其设计思路是分别考虑空间狭缝平面和与之垂直的时间平面，狭缝平面的聚焦是由长的四极透镜完成的，时间平面的聚焦由预聚焦透镜和线聚焦透镜构成。其优点是四极透镜的使用可大大提高电子速度，缩短其渡越时间，这将有力地抑制空间电荷效应，对动态范围的改善非常有利。但四极透镜的设计和实现都非常困难，另外，机械精度问题将带来较大的像差。

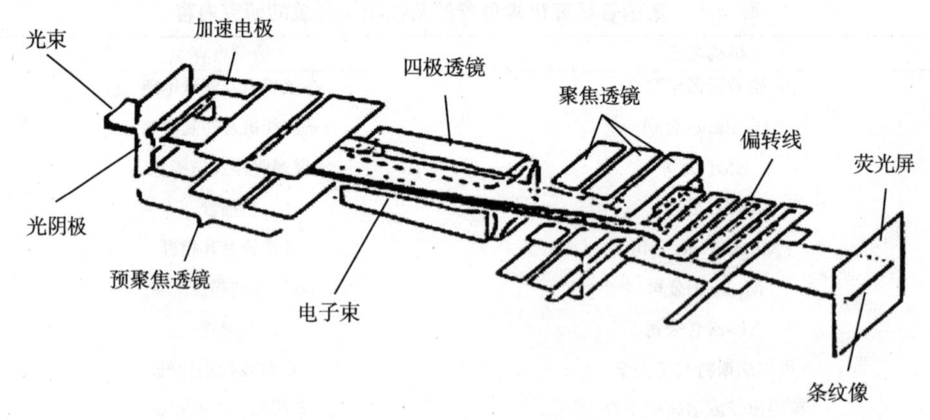

图 4.8 P600 型扫描变像管

4.2 全光固态条纹相机

除了电子固有斥力导致的空间电荷效应外，传统的变像管条纹相机存在的另一个问题是探测光谱范围在红外波段受到限制。拓宽可探测的光谱范围或粒子种类始终是变像管研究的重要内容。超快现象涉及的光谱范围非常宽，覆盖了 γ 光子、X 光子、紫外光、可见光、红外光及远红外波段；除光子外，粒子种类涉及 α 粒子、质子、中子等基本粒子。为了研究这些光子或粒子的超快现象，研究者开发了多种响应材料或光电阴极，其中包括用于中子、X 光子、紫外光、可见光等探测的多种光电阴极材料，但是到了红外波段以后，适合作为光电阴极探测的材料就特别稀少。多碱阴极在近红外区域有一定的响应，通过氧敏化可以增强近红外区域的灵敏度，如 Na_2KSb-Cs-O 等，但响应长波限不超过 1.0μm。负电子亲和势 GaAs-Cs-O 阴极在可见–近红外区域有很高的灵敏度，但其长波限只能到 950nm，而且成熟的 GaAs-Cs-O 阴极响应时间在 10^{-9}s 以上，不适于进行高分辨率的超快诊断。银氧铯

(Ag-O-Cs，代号 S1) 阴极仍然是红外区域最重要的阴极，是目前唯一长波限可以达到 1.1μm 的实用红外阴极。但是从 Ag-O-Cs 阴极变像管的实际使用情况看，这种阴极存在成品率低、寿命短 (与 Na_2KSb 等锑碱阴极相比) 的缺点，且其阴极灵敏度随时间快速下降。

近年来，全光固态条纹相机的提出 [29]，就是为消除传统的变像管条纹相机存在的空间电荷效应进行的一个大胆尝试，同时也为解决传统条纹相机在红外波段的探测受限打开了突破口。全光固态条纹相机就其结构本身而言有传统变像管条纹相机所不具备的优点。一方面，全光固态条纹相机的工作介质都是固体材料，可靠性高；另一方面，它无须在真空条件下工作，系统的稳定性好，体积也要小很多。全光固态条纹相机的核心部件 (光扫描偏转器) 的材料选择特别灵活，可以根据探测信号的波段选择合适的材料。以 GaAs 材料为例，GaAs 材料对于波长为 0.8~25μm 光的透过率在 55%以上，还有包括 InSb、CdS、CdTe 在内的很多半导体材料在红外波段都有很好的透过率。这些半导体材料的研究和相关工艺已经发展得很成熟，对于发展全光固态条纹相机是一个很大的优势。

4.2.1 泵浦光注入非平衡载流子

全光固态条纹相机基于直接对光束进行偏转的机制，彻底消除了借助光电转换和电子束偏转过程中的空间电荷效应，使同时具有高时间分辨率和大动态范围的条纹相机成为可能。图 4.9 为全光固态条纹相机系统的基本组成，主要有信号光输入耦合系统、光偏转器、信号光输出耦合与聚焦系统、大动态读出系统、抽运光系统等。其中，光偏转器是一个平板光波导，并在波导的上包覆层表面通过光刻等方式形成一层锯齿状的金属掩膜，用于对泵浦光束进行空间调制。泵浦光束激发波导扫描器将在光照区域产生非平衡自由载流子，通过带填充效应 (bandfilling effect)、带隙收缩效应 (band-gapshrinkage effect)、自由载流子吸收效应 (free-carrier absorptione effect) 诱导该区域的折射率发生变化，形成折射率棱镜阵列。当待测信号光脉冲全部耦合进入光偏转器时，泵浦光束系统对光偏转器进行激发，在波导芯层迅速形成折射率棱镜阵列。这样，先进入波导的信号光前沿部分通过的折射率棱镜数量少，光偏折角度小，从光波导出射后经过聚焦将到达记录系统屏幕的最左侧，而后进入的信号光后沿部分经过的棱镜数目多，偏折角度大，最终会到达记录屏幕的最右侧。因此，信号光脉冲前后各部分经光偏转器扫描后在记录系统上将依时间先后出现由左至右排列的空间条纹图像，从而完成信号光从时域分布向空域分布的转化。由于信号光脉冲前后各部分经历的棱镜数目与其前后时间呈线性关系，信号光脉冲前后各部分的空间偏转量与其前后时间成正比，可见这种时域到空域的转化是线性的。

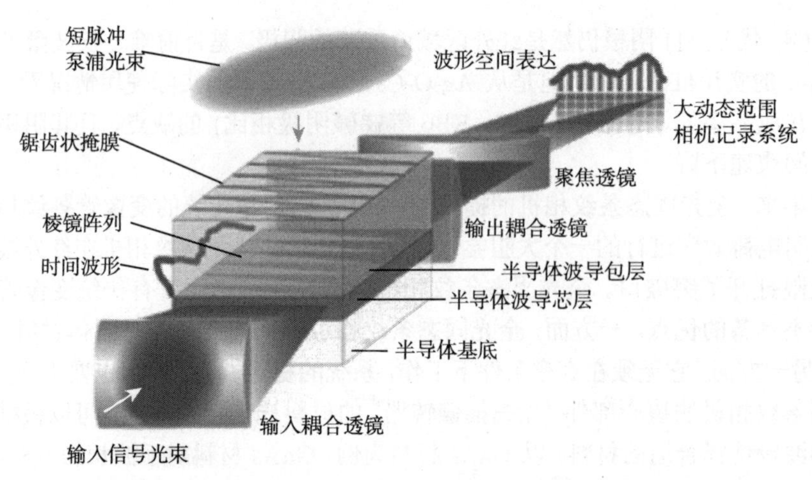

图 4.9　全光固态条纹相机系统的组成 [29]

光偏转器是按照一定的规律改变光束在空间传播方向的器件。衡量光偏转器性能指标的参数主要有偏转角度、分辨率、偏转线性、偏转速度、光损耗、光波阵面畸变、适用波长范围、同步扫描精度及抗干扰能力等。光偏转器在光开关、光调制、光显示、光存储等方面有着广泛的应用。最早的光偏转器是机械转镜光偏转器，主要通过机械地转动反射镜或多面反射体来改变光束至镜面的入射角，达到反射光束偏转的目的。这种光偏转器的机械晃动很大，且偏转速度过低，已经达不到现代光电子器件的应用需求。随后出现了利用声光效应、电光效应等非线性光学效应通过改变介质的折射率来进行光束偏转的技术。声光效应的光偏转器主要利用声波在透明介质中传输时引起的光弹效应，导致材料的折射率发生周期变化而制成的衍射偏转器。它的偏转速度比机械类光偏转器有所提高，但仍不能满足超快扫描的需求，相应的分辨率也不高。

随着 $LiNbO_3$、$BaTiO_3$、KDP 等电光晶体生长工艺的成熟，各种基于电光效应的光偏转器迅速发展起来。Lotspeich[30] 于 1968 年详细介绍了基于电光效应的梯度折射率型和棱镜阵列型光偏转器理论，并提出两种类型光偏转器的实现方法。1992 年，Lee 等 [31] 在 $LiTaO_3$ 电光晶体上镀了一条微带线，在其上加载了频率为 9.35GHz 的驻波驱动电光晶体，实现了对 514.5nm 连续激光的高速、高效偏转，并将该高速电光偏转器应用于皮秒脉冲的产生。Chiu 等 [32] 通过标量光束传播法理论分析了波导型棱镜阵列电光偏转器的棱镜数目对偏转性能的影响，随后又对非矩形电光偏转器的性能进行研究，为了提高光偏转器的扫描灵敏度，其设计优化了一种梯形电光偏转器 [33]。为了进一步提高电光偏转器的扫描速度，行波驱动的电光偏转器被提出。为了消除光波群速度与微波相速度的速度失配，Hisatake 等 [34] 提出利用周期性电畴反转的方法在 $LiTaO_3$ 晶体中实现了行波正弦电光偏转，并利用该电光偏转器先后实现了对连续光的一维及二维时空映射光束偏转，时间分辨率在皮秒量级。但是电光偏转器存在的一个较大缺点是晶体的电光系数较低，导致偏转范围很小，且电光偏转所需的驱动电压很高。于是有报道提出可以利用有机聚合物材料的电光效应来实现光束偏转。一方面，它与不同衬底材料的兼容性比晶体要高，且成本低，易于制备；另一方面，它的驱动电压要比晶体材料低很多，只是这类偏转器的温度稳定性及损耗不如晶体。与此同时，全光偏转器也在蓬勃发展。1991 年，Li 等 [35] 通过在非线性光学材料 CS_2 中利用泵浦光诱导出局部的折射率调制，实现了对光束的超快全光偏转。2005 年，van Driel 研究组的成员在平板波导中利用泵浦光诱导局部折射率变化，引导空间孤子光束偏转 [36]。刘辉课题组报道了在光学波导中利用热光效应实现用一光束控制另一光束的传输轨迹 [37]。光偏转器的蓬勃发展促使了条纹相机技术的革新，早在 20 世纪 70 年代就有研究指出可以采用高速电光、全光偏转器直接对光束进行偏转扫描来取代传统变像管条纹相机的电子束扫描方式，于是基于电光偏转器的时空映射光扫描器见诸报道。特别是，Chris 等 [29] 基于棱镜阵列型波导光偏转器，通过精确控制泵浦光和信号光的时间延迟，实现了全光固态条纹相机的功能并首次获得了皮秒量级的时间分辨率。

图 4.10 为棱镜阵列光偏转器结构示意图。光偏转器整体采用 Al_xGa_{1-x} As/GaAs/Al_xGa_{1-x}As 波导结构，x 代表 Al 原子的组分，通过调节 Al 的组分可以改变 AlGaAs 的折射率，从而形成光波导，实现对光束和自由载流子的有效约束。在波导的上包覆层表面利用光刻等形成一个锯齿状的金掩膜 (gold serrated mask)，对垂直入射其上的泵浦光进行空间调制。这样，未被锯齿金掩膜遮挡的 GaAs 材料部分在泵浦光照射下通过光注入方式产生非平衡载流子并在波导芯层材料中诱导折射率变化，而被锯齿金掩膜覆盖的材料不会受到泵浦光的影响，折射率不改变，于是

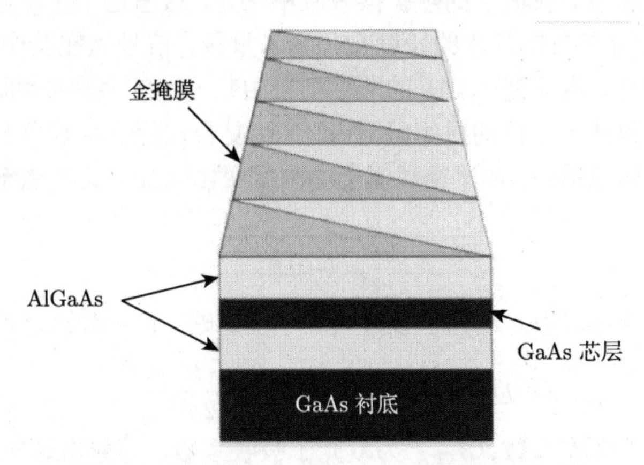

图 4.10 棱镜阵列光偏转器结构示意图 [38−40]

形成了棱镜阵列。泵浦光激发材料形成折射率棱镜阵列，首先通过光激发材料产生非平衡自由载流子，即光注入载流子，之后通过带填充效应、带隙收缩效应和自由载流子吸收效应在材料中诱导折射率变化。

非线性载流子的输运模型主要用于研究材料中非平衡自由载流子的产生、漂移、扩散及复合的规律，可以由载流子的连续性方程描述，具体为

$$\frac{\mathrm{d}\rho}{\mathrm{d}t}=G+R+D_{\mathrm{T}}+J_{\mathrm{E}} \tag{4.12}$$

式中，G 表示非平衡载流子的产生速率；R 表示非平衡载流子的复合速率；D_{T} 表示载流子的扩散速率；J_{E} 表示载流子的漂移速率。

非平衡载流子的产生主要有光注入和电注入两种方式。光注入载流子是指当入射光子能量大于半导体带隙能量时，位于价带上的束缚态电子吸收光子能量，跃迁到导带上成为自由电子。还可以采用电学的方法在半导体材料中产生自由载流子，称为电注入。例如，PN 结正向工作时，就是常见的电注入过程。非平衡载流子的复合大致可以分为直接复合和间接复合两种。直接复合主要是指自由电子在导带和价带间进行直接跃迁，完成电子和空穴的复合。间接复合指电子和空穴的复合通过复合中心完成。复合中心主要通过杂质和缺陷实现复合过程。按照复合过程中能量释放方式的不同，又可以将复合分为辐射复合 (发射光子)、无辐射复合 (载流子–晶格相互作用) 和俄歇复合 (能量转移给其他载流子)。另外，按照复合发生位置的不同，又可以把复合过程分为体内复合和表面复合。如果材料中非平衡载流子的浓度分布不均匀，则载流子存在扩散运动，形成扩散电流；在外加电场作用下，非平衡载流子还会发生漂移运动，产生漂移电流。

由全光固态条纹相机的工作过程可知，泵浦光激发本征型 GaAs 产生非平衡自由载流子应属于光注入，且没有外加电场，因此不存在漂移运动，同时由于泵浦光采用超短脉冲光激发，载流子的热扩散效应不明显，这里也不予考虑。实际上，全光固态条纹相机的光扫描芯片的长度在几毫米量级，信号光在其中传输所需的时间在几十皮秒量级，本征型 GaAs 的非平衡自由载流子的寿命在纳秒到微秒量级，因此在光激发材料几十皮秒的时间范围内，直接复合过程也可以暂时不用考虑。于是在所关心的时间范围内，非平衡载流子的浓度变化取决于其产生率，式 (4.12) 可以简化为

$$\frac{\partial\rho}{\partial t}=G(y,t) \tag{4.13}$$

若泵浦光的光强较强，双光子吸收效应不能忽略，自由载流子的产生率为 [40]

$$G(y,t)=\frac{\alpha(\rho)I(y,t)}{h\nu}+\frac{\beta_{\mathrm{TPA}}I^2(y,t)}{2h\nu} \tag{4.14}$$

式中，α 为单光子吸收系数；β_{TPA} 为双光子吸收系数。等号右边第一项由单光子吸收引起，第二项由双光子吸收引起。

首先考虑单光子吸收的情况。单光子吸收系数正比于材料价带内的空余的态密度 $\rho_{\max}-\rho_{\text{SPA}}$：

$$\alpha\left(\rho_{\text{SPA}}\right)=\alpha_0\left(\frac{\rho_{\max}-\rho_{\text{SPA}}}{\rho_{\max}}\right) \tag{4.15}$$

式中，ρ_{SPA} 为单光子吸收引起的载流子浓度；$\rho_{\max}$ 为饱和的非平衡载流子浓度；α_0 为非饱和情况下 GsAs 的单光子吸收系数。则由式 (4.13) 可得

$$\frac{\partial\rho_{\text{SPA}}}{\partial t}=\frac{\alpha_0 I(y,t)}{h\nu}\frac{\rho_{\max}-\rho_{\text{SPA}}}{\rho_{\max}} \tag{4.16}$$

采用分离变量积分，令 $F(y)=\int\limits_{-\infty}^{\infty}I(y,t)\mathrm{d}t$，可得

$$\rho_{\text{SPA}}=\rho_{\max}\left\{1-\exp\left[-F(y)F_{\text{s}}\right]\right\} \tag{4.17}$$

式中，$F_{\text{s}}=h\nu\rho_{\max}/\alpha_0$ 为饱和光通量。

对于双光子吸收，同样可得

$$\frac{\partial\rho_{\text{TPA}}}{\partial t}=\frac{\beta_{\text{TPA}}I^2(y,t)}{2h\nu} \tag{4.18}$$

式中，ρ_{TPA} 代表由双光子吸收注入的非平衡自由载流子浓度。为了分析简单起见，设入射泵浦光脉冲在时域内为高斯分布，在沿着 GsAs 深度方向的光强分布满足：

$$I(y,t)=F_0\frac{\sqrt{2}}{\tau\sqrt{\pi}}\exp\left[-\frac{2\left(t-\dfrac{n_{\text{g}}}{c}y\right)^2}{\tau^2}\right] \tag{4.19}$$

式中，F_0 为初始泵浦光通量；τ 是泵浦光时域脉冲宽度；n_{g} 是泵浦光脉冲中心波长在 GaAs 材料中的折射率。采用分离变量积分可得

$$\rho_{\text{TPA}}=\frac{b}{2h\nu}F^2(y) \tag{4.20}$$

式中，$b=\beta_{\text{TPA}}/(\tau\sqrt{\pi})$。则泵浦光注入的非平衡自由载流子浓度为

$$\rho\left(y,t\to\infty\right)=\rho_{\max}\left[1-\exp\left(-\frac{F(y)}{F_{\text{s}}}\right)\right]+\frac{bF^2(y)}{2h\nu} \tag{4.21}$$

式中，等号右边第一项代表的是由单光子吸收引起的自由载流子浓度；第二项代表的是由双光子吸收引起的自由载流子浓度。

4.2.2　GaAs 中的光折变效应

1. 带填充效应

半导体的价带电子吸收一个 $h\nu \geqslant E_{\mathrm{g}}$ 的光子，从价带跃迁到导带。导带的低能级率先被电子充满。当较低的能级被电子占领后，价带中的电子需要比标称带隙更大的激发能量，才能被激发到导带中。同时，随着自由载流子浓度的增加，受激辐射的概率相应增大，带内吸收概率降低，受激辐射的概率大于带内吸收的概率，从而造成能量略大于标称带宽的光子的吸收系数降低。这就是带填充效应。

GaAs 属于直接带隙半导体材料，具有抛物线形的能带结构，其在带隙附近的本征型 GaAs 吸收系数由平方根定律给出：

$$\begin{cases} \alpha_0(E) = \dfrac{C}{E}\sqrt{E - E_{\mathrm{g}}}, & E \geqslant E_{\mathrm{g}} \\ \alpha_0(E) = 0, & E < E_{\mathrm{g}} \end{cases} \tag{4.22}$$

式中，$E = h\nu$ 是激发光子能量；E_{g} 是 GaAs 的带隙能量；C 是和材料有关的常数。因为 GaAs 的价带在直接带隙处简并，所以轻重空穴均对吸收过程有贡献。考虑到轻重空穴对吸收的作用，将式 (4.22) 改写为

$$\begin{cases} \alpha_0(E) = \dfrac{C_{\mathrm{hh}}}{E}\sqrt{E - E_{\mathrm{g}}} + \dfrac{C_{\mathrm{lh}}}{E}\sqrt{E - E_{\mathrm{g}}}, & E \geqslant E_{\mathrm{g}} \\ \alpha_0(E) = 0, & E < E_{\mathrm{g}} \end{cases} \tag{4.23}$$

式中，C_{hh}、C_{lh} 是分别对应于重空穴和轻空穴的常数。在带填充效应中，导带中由电子占据的状态分布或者价带空出一个电子的状态分布被认为遵从 Fermi-Dirac 分布。设价带中电子的能级能量为 E_{a}，导带中的能量为 E_{b}，则注入载流子后 GaAs 的吸收系数可以写成

$$\alpha(N_{\mathrm{e}}, N_{\mathrm{h}}, E) = \alpha_0(E)\left[f_{\mathrm{v}}(E_{\mathrm{a}}) - f_{\mathrm{c}}(E_{\mathrm{b}})\right] \tag{4.24}$$

式中，N_{e}、N_{h} 分别表示自由电子和空穴的浓度；α_0 表示本征材料的吸收系数；$f_{\mathrm{v}}(E_{\mathrm{a}})$ 表示电子占据价带能级 E_{a} 的概率；$f_{\mathrm{c}}(E_{\mathrm{b}})$ 表示电子占据导带能级 E_{b} 的概率。由于价带简并，每个能级的值有两个，即 E_{ah}、E_{al} 和 E_{bh}、E_{bl}，分别对应价带中的重空穴、轻空穴的能级和导带中的重空穴、轻空穴的能级。则由带填充效应引起的 GaAs 吸收系数变化为

$$\begin{aligned} \Delta\alpha(N_{\mathrm{e}}, N_{\mathrm{h}}, E) &= \alpha(N_{\mathrm{e}}, N_{\mathrm{h}}, E) - \alpha_0(E) \\ &= \frac{C_{\mathrm{hh}}}{E}\sqrt{E - E_{\mathrm{g}}}\left[f_{\mathrm{v}}(E_{\mathrm{ah}}) - f_{\mathrm{c}}(E_{\mathrm{bh}}) - 1\right] \\ &\quad + \frac{C_{\mathrm{lh}}}{E}\sqrt{E - E_{\mathrm{g}}}\left[f_{\mathrm{v}}(E_{\mathrm{al}}) - f_{\mathrm{c}}(E_{\mathrm{bl}}) - 1\right] \end{aligned} \tag{4.25}$$

利用 Kramers-Kronig 关系可以得到由吸收系数改变引起的材料折射率的变化:

$$\Delta n\left(N_{\mathrm{e}}, N_{\mathrm{h}}, E\right)=\frac{c \hbar}{\pi} P \int_{0}^{\infty} \frac{\Delta \alpha\left(N_{\mathrm{e}}, N_{\mathrm{h}}, E^{\prime}\right)}{E^{\prime 2}-E^{2}} \mathrm{d} E^{\prime} \tag{4.26}$$

式中，P 代表求积分主值。

2. 带隙收缩效应

带隙收缩效应描述的是当材料中的自由载流子浓度到达一定值时，随着载流子浓度继续增加带隙减小的现象。当载流子浓度达到一定浓度时会对原子势造成屏蔽，从而使被屏蔽后的电子波函数在空间上扩展，这样就导致相邻晶格原子的波函数发生重叠，进而增加能级分裂。能级分裂又会造成导带和价带的宽度增加，最终造成带隙的收缩。带隙变化如下:

$$\Delta E_{\mathrm{g}}=\frac{\kappa}{\varepsilon_{\mathrm{s}}}\left(\frac{N}{N_{\mathrm{CR}}}-1\right)^{1/3} \tag{4.27}$$

式中，κ 为一个常数；ε_{s} 为静态介电常数；N_{CR} 为临界的自由载流子浓度。

3. 自由载流子吸收效应

自由载流子吸收指的是导带或价带内的能级之间发生跃迁引起的光吸收。在 Drude 模型中，自由载流子吸收效应引起的折射率改变可以表示成

$$\Delta n=-\left(\frac{e^{2} \lambda^{2}}{8 \pi^{2} c^{2} \varepsilon_{0} n}\right)\left(\frac{N_{\mathrm{e}}}{m_{\mathrm{e}}}+\frac{N_{\mathrm{h}}}{m_{\mathrm{h}}}\right) \tag{4.28}$$

式中，λ 为光子的波长；m_{e} 为电子的有效质量；m_{h} 为空穴的有效质量。

4.2.3 时间分辨率

全光固态条纹相机技术的根本限制因素是器件长度和角向分辨率。信号光通过泵浦区 (长度为 Z) 的时间决定着可连续探测的时域跨度 T，$T=Z/v_{\mathrm{g}}$，式中，v_{g} 为信号光在光偏转器中的群速度。例如，假定信号光群折射率为 4，则 7.62cm 长光偏转器可允许的记录时域跨度为 1ns 。由该技术的工作原理可知，该时域跨度经光偏转器调制后的偏转角度为 θ。对于小角度偏转的情况，$\theta=N_{\mathrm{p}}\theta_{\mathrm{s}}\Delta\bar{n}$，式中，$N_{\mathrm{p}}$ 为光偏转器中棱镜的数量，θ_{s} 为棱镜楔角，$\Delta\bar{n}$ 为有效折射率变化量。如果单个棱镜的横向宽度为 X，那么有 $N_{\mathrm{p}}=Z/X$。假定信号光为高斯光束，$1/e^{2}$ 宽度为 w_{s}，则其角向分辨率为 $\delta\theta=\sqrt{2\ln2}\lambda/(\pi w_{\mathrm{s}})$，进而可得偏转角 θ 跨度内的可分辨元为 $N=\theta/\delta\theta$。据此可得其时间分辨率为 $\delta\tau=\sqrt{2\ln2}\lambda X/(\pi v_{\mathrm{g}} w_{\mathrm{s}}\Delta\bar{n})$。

图 4.11 为一光偏转器实例 [29]。光偏转器芯层和基底为 GaAs，上、下包层为 $\mathrm{Al_{0.24}Ga_{0.76}As}$，单个棱镜的纵向长度为 60μm，光偏转器长度为 7μm。入射信号光

为约 1ps 的高斯脉冲，脉冲间隔为 10ps。实验结果如图 4.12 所示。由图可知其信号探测时域跨度为 50ps，时间分辨率为 2.5ps，动态范围达 3000:1。

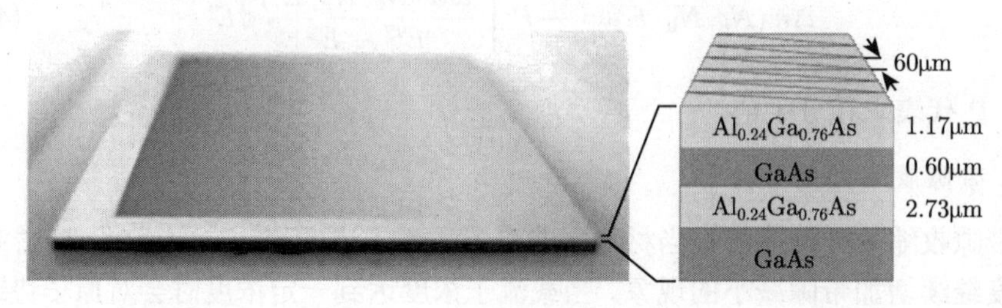

图 4.11　光偏转器实例 [29]

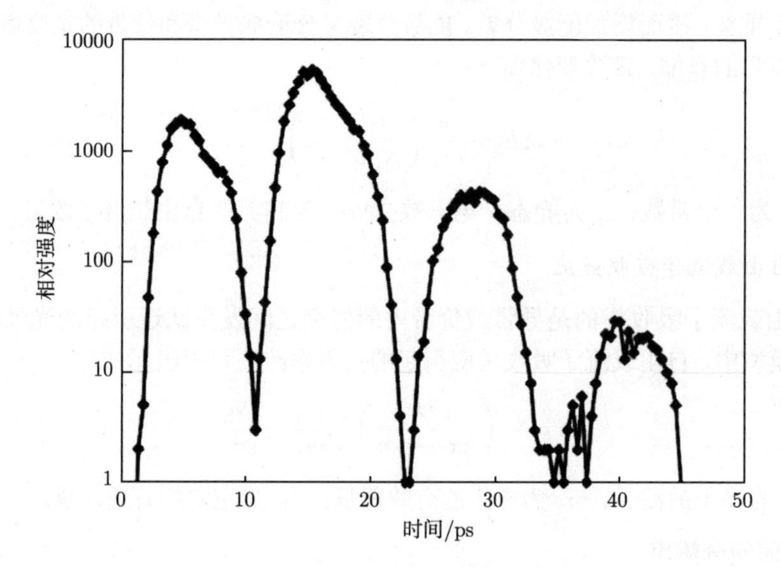

图 4.12　时间分辨率实验结果 [29]

参 考 文 献

[1] 徐大纶. 变像管高速摄影[M]. 北京：科学出版社，1990: 12–19.

[2] COURTNEY-PRATT J S. A new method for the photographic study of fast transient phenomena[J]. Research Supplement, 1949, 2: 287–294.

[3] COURTNEY-PRATT J S. Image converter tubes and their application to high-speed photography[J]. Photograpght Journal B, 1952, 92:137–148.

[4] LINDEN B R, SNELL P A. Shutter image converter tubes[J].Proceedings of the IRE, 1957, 45(3): 513–523.

[5] KLEIN M W. Image converters and image intensifier for military and scientific use[J]. Proceedings of the IRE, 1959, 11(5): 904–909.

[6] ZAVOISKY E K, FANCHENKO S D. Iamge converter high speed photography with $10^{-9} \sim 10^{-14}$s time resolution[J]. Applied Optics, 1965, 4(9):1155–1167.

[7] SIBBETT W, NIU H, BAGGS M R. Photochron IV subpicosecond streak image tube[J]. Review of Scientific Instruments, 1982, 53(6):758–761.

[8] BRADLEY D J, LIDDY B, SLEAT W E. Direct linear measurement of ultrashort light pulses with a picosecond streak camera[J]. Optics Communications, 1971, 2(8): 391–395.

[9] BRADLEY D J, SIBBETT W. Subpicosecond chronoscopy[J]. Applied Physics Letters, 1975, 27(7): 382–384.

[10] NIU H B, SIBBETT W. Theoretical analysis of space-charge effects in photochron streak cameras[J]. Review of Scientific Instruments, 1981, 52(12): 1830–1836.

[11] BRADLEY D J, JONES K W. Photochron III: A new image tube design for subpicosecond streak operation and picoseconds framing[J]. Review of Scientific Instruments, 1982, 53(5): 237–241.

[12] NIU H B, SIBBETT W, BAGGS M R. Theoretical evaluation of the temporal and spatial resolution of photochron streak image tube[J]. Review of Scientific Instruments, 1982, 53(5): 563–569.

[13] KINOSHITA K, ITO M, SUZUKI Y. Femtosecond streak tube[J]. Review of Scientific Instruments, 1987, 58(6): 932–938.

[14] TAKAHASHI A, NISHIZAWA M, INAGAKI Y, et al. New femtosecond streak camera with temporal resolution of 180fs[C]// Proceeding of SPIE, Los Angeles, 1994, 2116:275–284.

[15] FINCH A, LIU Y P, NIU H B, et al. Development and evaluation of a new femtosecond streak camera[C]// Proceeding of SPIE, Xi'an, 1989, 1032:622–627.

[16] NIU H B, DEGTYAREVA V P, PLATONOV V N, et al. Specially designed femtosecond streak image tube with temporal resolution of 50 fs[J]. Optics Communications, 1985, 2(8): 491–495.

[17] LOSOVOI V, USHKOV I , PROKHORENKO E , et al . 200 femtosecond streak camera (development and dynamic measurements)[C]// Proceeding of SPIE, Beaune, 2002, 4948: 297–301.

[18] 王超，唐天同，康晓辉，等. 附加电极对扫描变像管性能的优化[J]. 强激光与粒子束，2008, 20(3)：513–516.

[19] 陈敏，赵宝升，盛立志，等. 多狭缝条纹变相管的设计[J]. 光子学报，2006，35(9): 1309–1312.

[20] 李冀，牛憨笨. 一种大动态范围扫描变像管的电子光学结构[J]. 光电子・激光，2002，13(8): 784–786.

[21] 田进寿，白永林，刘百玉，等. 飞秒条纹变相管的设计[J]. 光子学报，2006，35(12): 1832–1836.

[22] 王超，康轶凡，唐天同. 调制型准层流电子枪聚焦透镜系统的研究[J]. 光子学报，2009,38(7): 1626–1631.

[23] 王超，唐天同，康晓辉. 阴极透镜层流电子枪调制特性[J]. 强激光与粒子束，2008,20(4)：661–665.

[24] 王强强，田进寿，丁永坤，等. 行波前置短磁聚焦飞秒条纹管设计[J]. 强激光与粒子束, 2014, 26(3): 230–234.

[25] 李冀，廖华，张焕文，等. 大动态范围飞秒扫描变象管理论设计与实验评价[J]. 光子学报，2002, 31(1): 98–102.

[26] 邵永红，李恒，王岩，等. 基于同步扫描相机的荧光寿命测量系统研究[J]. 深圳大学学报 (理工版), 2009, 26(4): 331–336.

[27] 陈正楷，田进寿，刘虎林，等. 一小型化多用途条纹变像管[J]. 光子学报，2008, 37(12): 2379–2382.

[28] 刘蓉. X 射线飞秒条纹相机的理论与实验研究[D]. 北京：中国科学院大学, 2014.

[29] CHRIS H S, JOHN E H. Solid-state ultrafast all-optical streak camera enabling high-dynamic-range picosecond recording[J]. Optics Letters, 2010, 35(9): 1389–1391.

[30] LOTSPEICH J F. Electrooptic light-beam deflection[J]. Spectrum, 1968, 5(2): 45–52.

[31] LEE B Y, KOBAYASHI T, MORIMOTO A,et al. High-speed electrooptic deflector and its application to picosecond pulse generation[J]. IEEE Journal of Quantum Electronics, 1992, 28(7): 1739–1744.

[32] CHIU Y, BURTON R S, STANCIL D D, et al. Design and simulation of waveguide electrooptic beam deflectors[J].Journal of Lightwave Technology, 1995, 13(10): 2049–2052.

[33] CHIU Y, ZOU J, STANCIL D D,et al. Shaped-optimized electrooptic beam scanners: analysis, design, and simulation[J]. Journal of Lightwave Technology, 1999, 17(1): 108–114.

[34] HISATAKE S, SHIBUYA K, KOBAYASHI T. Ultrafast travelling-wave electro-optic deflector using domain-engineered $LiTaO_3$ crystal[J]. Applied Physics Letters, 2005, 87(8): 081101–081103.

[35] LI Y, CHEN D Y, YANG L N, et al. Ultrafast all-optical deflection based on an induced area modulation in nonlinear materials[J].Optics Letters, 1991, 16(6): 438–440.

[36] HÜBNER J, VAN DRIEL H M, AITCHISON J S. Ultrafast deflection of spatial solitons in $Al_xGa_{1-x}As$ slab waveguides[J]. Optics Letters, 2005, 30(23): 3168–3170.

[37] SHENG C, LIU H, ZHU S N, et al. Active control of electromagnetic radiation through an enhanced thermo-optic effect[J]. Scientific Report, 2015, 5(8835): 1–5.

[38] ELLIOTT R A, SHAW J B. Electrooptic streak camera: Theoretical analysis[J]. Applied Optics, 1979, 18(7): 1025–1033.

[39] 梁玲亮. 全光固体条纹/分幅相机的理论设计与实验研究 [D]. 西安. 西安交通大学, 2017.

[40] 陈克坚，杨爱龄，江晓清. 光生载流子对半导体波导材料折射率影响的模型研究 [J]. 光学仪器，2002，24(4-5): 34–38.

第 5 章　阿秒脉冲的产生及测量

人类对事物的探索总体上可以分为宏观与微观两个研究方向。宏观上，外星体、外太空乃至宇宙的演化等都已在科学研究的内容之中。但从物质组成的角度考虑，对物体的认识了解最终归结为对其基本组成单元——原子、分子微观世界的研究。对于量子效应显著的微观领域，物质系统的时间和空间物理量将通过相关量子力学定理的联系而具有相互密切制约的关系。这意味着微观领域物质系统的特征空间尺度及特征时间尺度有着确定的物理关系。因此，微观领域实质是一个有着微小时间尺度的瞬态超快变化领域。

超快诊断科学的发展从 20 世纪 40 年代至今大致可分为微波电子学、超快光学与光波电子学三个阶段 [1]。晶体管的出现使人们可以利用其产生可控瞬态电压或电流，而这个瞬态探测工具使探测尺度进入了皮秒量级。20 世纪 60 年代激光的问世以及随后激光的产生及表征测量技术的不断进步，使人们可以借助超短的光探针去发现和控制一些飞秒量级微小时间尺度的物质形态变化过程，如各类跃迁、分子反应以及光合作用等。同时，极端条件下物质形态的研究也已成为可能，如激光等离子体反应等。到 21 世纪初，激光脉冲脉宽已经达到接近 2.8fs 的水平 (中心波长在 750nm 左右)，使人们对微观领域的探测达到了几飞秒的极高时间分辨能力。对于这样的超短超强光脉冲，在与物质的作用过程中其光电场的强度相比光强这个光场平均参量变得尤其重要，此时载波–包络相位的概念再次受到重视，随后，载波–包络相位锁定技术的出现使具有良好重复性产生的光脉冲。如今，载波–包络相位已经是高次谐波阿秒脉冲产生及应用领域中一个极其重要的参数。载波–包络相位锁定的超短超强光脉冲的出现，使光学的发展从微扰非线性光学机制阶段进入非微扰非线性光学机制——强场非线性光学机制阶段。强场光学高次谐波产生理论研究的不断深入直至最后高次谐波产生阿秒脉冲群及单阿秒脉冲成熟理论的建立，在 2001 年产生脉宽后拉开了阿秒量级单 X 射线光脉冲为序幕的阿秒研究热潮 [2]。

5.1　原子场致电离

光学，尤其是光与物质的相互作用领域，随着 20 世纪 60 年代激光的问世而正式进入了非线性光学的范畴。光与物质相互作用中的一些效应，如折射率的光强依赖效应、介质的非线性极化以及非线性光频漂移等，已被证明具有明显的非线性特性。光场中物质的非线性效应可做如下解释：当光电场较弱时，物质原子的偶极矩动量随着光电场的增加近似呈线性变化；而当光电场增加到与原子之间的电场相近 ($10^5 \sim 10^8$V/m) 时，原子的偶极矩动量呈现出明显的非线性特性。目前，随着新颖激光脉冲压缩技术的出现，激光场强达到 10^9V/m 已经不是一件很难的事情。强场物理领域中的非线性效应是极为明显的。

根据与其作用的光强度的大小 (或光电场的强弱)，物质非线性光学效应可大致分为三种物理机制：微扰非线性光学物理机制、强场非线性光学物理机制以及相对论性非线性光学物理机制。当然，三种物理机制之间的分界并不是严格的，其间还存在一些过渡性的非线性效应，如多光子电离等。对于微扰非线性光学物理机制，光场作用下物质的极化率 P 可表示为如下光电场的泰勒级数：

$$P = \varepsilon_0[\chi^{(1)}E + \chi^{(2)}E^2 + \chi^{(3)}E^3 + \cdots] \tag{5.1}$$

式中，ε_0 是真空介电常数；$\chi^{(k)}$ 是第 k 阶的极化率。显然，高次谐波的强度随着其阶数的增加而迅速减小，此即微扰非线性光学的特点。对于强场非线性光学物理机制，上述的极化率描述不再适用。因其主要的物理过程是电离，高次谐波的强度主要取决于原子外层电子的电离概率而与谐波的阶数没有直接的关系。这是两种非线性光学机制的主要区别。另外，上述三种非线性机制都要遵守非线性光学范畴内的基本理论：宇称守恒。对于中心对称光学介质，宇称守恒意味着其在对称外光场作用下只能产生奇数次谐波。这一点由式 (5.1) 即可得出。

能够很快电离一个原子的光强在 $10^{14} \sim 10^{16}\mathrm{W/cm^2}$ 量级 [3]。显然此过程一定属于非相对论机制范畴 (光强约在 $10^{18}\mathrm{W/cm^2}$ 时才开始进入相对论机制)。因此，此时可以忽略激光场中的磁场成分而仅考虑电场分量的影响。如果是静电场的情形，那么可以通过势垒的概念而直接应用量子力学隧道理论。当光学介质置于强光场中时，许多有趣的物理过程都可能发生。虽然单个光场光子可能不足以电离原子，但电离仍是强场非线性光物质作用的主要过程。下面将要讨论的高次谐波产生 (high-order harmonic generation，HHG) 的主要物理过程是光场隧穿电离。光场隧穿电离产生高次谐波所需要的光强为 $10^{14} \sim 10^{16}\mathrm{W/cm^2}$，即在非相对论性非线性光学机制，因此可不考虑激光磁场对电子的影响。对于静电场中的量子力学隧穿效应，其具体过程可由薛定谔方程来完全描述，而对于本书将要重点讨论的强激光电场，由光场与原子核库仑势场共同决定的电子势垒的宽度与时间相关，如图 5.1 所示。图 5.1 为线偏振光的情形。在脉冲中部，当光电场振幅分别在偏振方向达到峰值时，处于光场中原子内部的电子所感受到的势能分布将出现最大限度的倾斜 (注意，这里势能以二维平面表示)，如图 5.1 上部、下部所示。当然，从这两个时刻势能的分布也可看出，势能面的倾斜方向直接由电场的振动方向决定，而其倾斜的程度则由电场在那一时刻的振幅决定。而对于距离脉冲中部较远的时刻，如 $E(t) \approx 0$

的时刻，位于原子势阱中的电子感受到的势能分布仅受到微小的扰动。也就是说，处于强光场中的原子系统，其内部电子在不同时刻感受到的势能分布有很大的变化，势能面的严重倾斜将导致势垒宽度在某一方向上的减小而使电子可能通过量子隧穿效应电离为自由电子。对于圆偏振光的情形，电子所感受到的势能面的倾斜度不变但将随着电场的变化 (或时间) 而旋转。

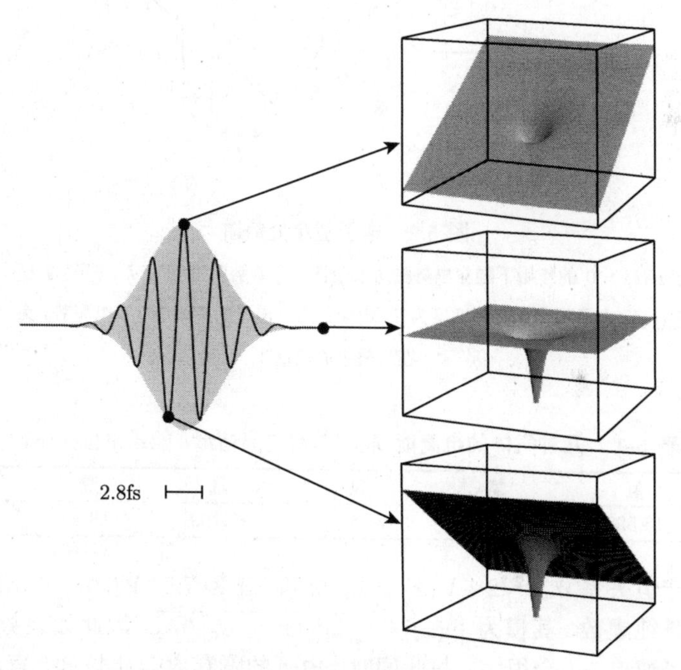

图 5.1 光电场对原子势的影响

线偏振高斯型激光脉冲随时间变化的电场为 $E(t) = \tilde{E}(t)\cos(\omega_0 t + \phi)$。其中，脉宽 $t_{\mathrm{FWHM}} = 5\mathrm{fs}$，载波光子能量 $\hbar\omega_0 = 1.5\mathrm{eV}$，相位 $\phi = 0$

现在的问题是，对于振荡周期仅为数飞秒的光场，真的可以应用静电隧穿的概念吗？这个问题还有待考虑。这里先用半经典理论来分析这个问题，把电子在势垒内消耗的时间称为电子隧穿时间 t_{tun}，隧穿时间的倒数称为隧穿频率 Ω_{tun}。这里需要特别注意的是，绝对不能把频率与隧穿率 (或者电离率) 混淆，后者与隧穿概率相关。如果隧穿时间小于光场周期，则激光电场实质上可视为沿 x 方向的静场。因此隧穿时间的量值等于势垒宽度与电子在势垒中速率的比值。电子的总势能量为 $V(x) = U(x) + xeE(x)$，其中，$U(x)$ 为无光场情况下的库仑束缚势能，$xeE(x)$ 可近似为一个壁垒有限的矩形势垒 (图 5.2)，但这是一个相当粗糙的近似。强场作用下的势垒宽度 l 取决于电场 $E(t)$ 的瞬时值，空间尺度 l 上的势能等于电场束缚能量 E_{b}。几种气体的电离能列于表 5.1 中。若在电场峰值即 $E(t) = \tilde{E}_0$ 时电子刚

好能隧穿电离，则有关系式 $le\tilde{E}_0 = E_\mathrm{b}$ 成立, 即

$$l = \frac{E_\mathrm{b}}{e\tilde{E}_0} \tag{5.2}$$

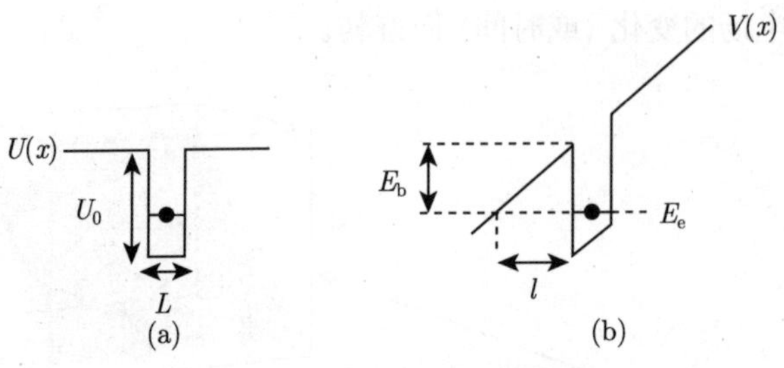

图 5.2　电子隧穿处势阱

电子在瞬时电场 $E(t) > 0$ 的作用下隧穿出势阱 $U(x)$(图 (a))，势阱宽度为 L、深度为 U_0，电子感受到的电势为 $V(x)$(图 (b))，电子隧穿的势垒宽度为 l，电场作用下电子的束缚能 (或电离势) 为 E_b，E_e 为电子在势阱中的能量

表 5-1　几种气体的电离能 E_b (单次电离情形，能量单位为 eV)

气体	氢	氦	氖	氩	氪	氙
E_b	13.598	24.587	21.564	15.759	13.99	12.127

由能量守恒关系 $m_\mathrm{e}v^2/2 + V(x) = E_\mathrm{e}$ 可知，在势垒中 $V(x) > E_\mathrm{e}$，故电子在势垒中的速度是纯虚数，其模为 $|v(x)| = \sqrt{2[V(x) - E_\mathrm{e}]/m_\mathrm{e}}$。因此如果势垒较高，那么其中的电子速率 $|v|$ 会很大，与此同时，电子的隧穿率会比较低。直观地说就是电子在势垒中违反能量守恒越严重，其停留在势垒中的时间就越短。在势垒的最大值处，即 $V(x) - E_\mathrm{e} = E_\mathrm{b}$ 处，电子速率 $|v| = \sqrt{2E_\mathrm{b}/m_\mathrm{e}}$。电子在势垒中传播时，其速度会逐渐变慢。当它穿越整个势垒时，势能为 $V(x) = E_\mathrm{e}$ 而动能 (及其速度) 为零。因此，势垒中的平均电子速率约为势垒两端电子瞬时速度的平均值，即

$$\langle|v|\rangle = \frac{1}{2}\left(\sqrt{2E_\mathrm{b}/m_\mathrm{e}} + 0\right) = \sqrt{\frac{E_\mathrm{b}}{2m_\mathrm{e}}} \tag{5.3}$$

进而可得电子的隧穿时间为

$$t_\mathrm{tun} = \frac{l}{\langle|v|\rangle} = \frac{\sqrt{2m_\mathrm{e}E_\mathrm{b}}}{e\tilde{E}_0} \tag{5.4}$$

因此，上述静场严格成立的条件为

$$\frac{\Omega_\mathrm{tun}}{\omega_0} \gg 1,\quad 类似于\frac{\Omega_\mathrm{R}}{\omega_0} \gg 1 \tag{5.5}$$

其中，峰值隧穿频率 $\Omega_{\rm tun}$ 为

$$\Omega_{\rm tun}=\frac{e}{\sqrt{2m_{\rm e}E_{\rm b}}}\tilde{E}_0,\quad 类似于\Omega_{\rm R}=\frac{d}{\hbar}\tilde{E}_0 \tag{5.6}$$

式中，$\Omega_{\rm R}$ 为峰值拉比频率。隧穿频率与峰值拉比频率作用的相似性显而易见：两者都与激光电场成比例，且为达到静电机制都要求远大于激光载波频率。

无量纲比率

$$\gamma_{\rm K}=\frac{\omega_0}{\Omega_{\rm tun}}=\frac{\omega_0\sqrt{2m_{\rm e}E_{\rm b}}}{e\tilde{E}_0}=\sqrt{\frac{E_{\rm b}}{2\left\langle E_{\rm kin}\right\rangle}} \tag{5.7}$$

就是 Keldysh 参量。当 $\gamma_{\rm K}\ll 1$ 时，静电隧穿理论成立。在式 (5.7) 的右边采用质动能 $\langle E_{\rm kin}\rangle$ 来表示 Keldysh 参量。因此也可以得出这样的论断：当激光电场施加给电子的峰值动能 $2\langle E_{\rm kin}\rangle$ 与电子束缚能 $E_{\rm b}$ 相近时，光与物质的作用过程将出现一些不同于传统非线性光学的物理现象。

在静场近似条件下，隧穿电离过程中势垒中电子波函数按关系 $\psi(x)\propto\exp\cdot[-|k_x(x)|x]$ 指数衰减，因此电离率 $\Gamma_{\rm ion}(t)$(或者隧穿率) 也将以指数方式依赖瞬时势垒宽度 $l(t)$，电子以隧穿方式穿越势垒的概率正比于 $|\psi(l)|^2$。将 $|k_x(x)|$ 近似为 $\langle|k_x|\rangle$，利用基于式 (5.3) 的关系式 $\hbar\langle|k_x|\rangle=m_{\rm e}\langle|v|\rangle$ 以及关系式 $l(t)=E_{\rm b}/[e\,|E(t)|]$ 可得如下一般关系式：

$$\frac{\Gamma_{\rm ion}(t)}{\Gamma_{\rm ion}^0}=\exp\left(-\frac{\sqrt{2m_{\rm e}E_{\rm b}}}{\hbar}l(t)\right)=\exp\left(-\frac{\frac{1}{\hbar e}\sqrt{2m_{\rm e}}E_{\rm b}^{3/2}}{|E(t)|}\right) \tag{5.8}$$

电离率与电场的依赖关系如图 5.3 所示。由图 5.3 可知它呈现出了阈值变化特性，即当瞬时激光电场 $|E(t)|$ 高于某一量值时，原子电离率急剧增加。基于这个结论可推断原子电离过程对激发激光脉冲的载波包络相位 (carrier-envelope phase, CEP)ϕ 有较强的依赖性，如图 5.4 所示。对于疏周期光脉冲，由阈值电离过程产生的电子主要是在趋向于 $\phi=[0,\pi]$ 这个范围发出的。而当激励激光载波包络

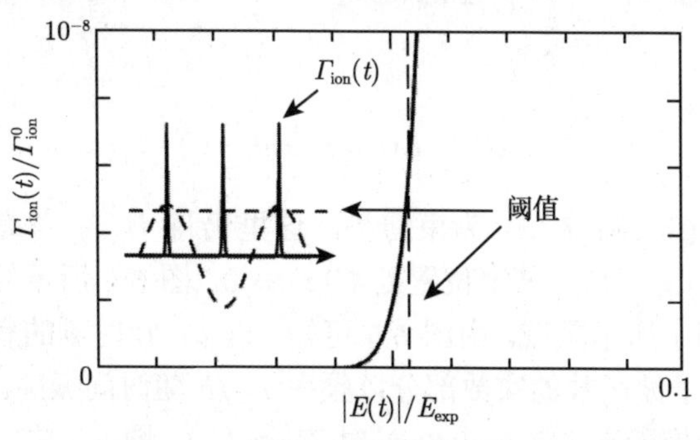

图 5.3 电离率与电场的依赖关系

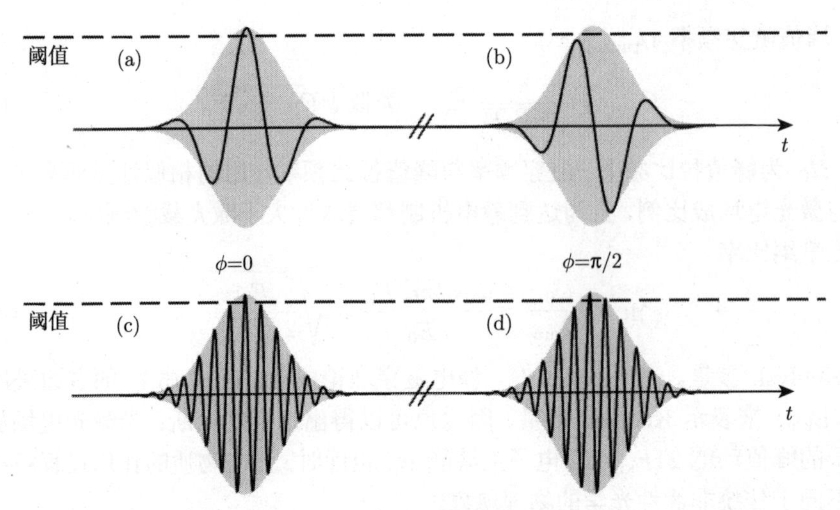

图 5.4　原子在激光脉冲 $E(t)=\tilde{E}(t)\cos(\omega_0 t+\phi)$ 作用下的激发

脉冲包络为高斯型 $\tilde{E}(t)=\tilde{E}_0\exp\left[-(t/t_0)^2\right]$。当激光载波包络相位 $\phi=0$ 时，实际的峰值电场高于原子电离阈值 ((a) 图)；而当 $\phi=\pi/2$ 时，峰值电场低于电离阈值 ((b) 图)。这一效应在短激光脉冲情形下极为突出 ((a)、(b) 图)，而对于长脉冲则相对很弱 ((c)、(d) 图)。图中灰色区域显示的是脉冲包络

相位 $\phi=\pm\pi/2$ 时，电子到达 $\phi=0$ 及 $\phi=\pi$ 两侧的概率相等。显然，此效应对于包括很多光周期的长脉冲是不存在的。目前实验上已经观察到了此相位依赖性效应。

实际上，在 $\gamma_{\mathrm{K}}\geqslant 1$ 甚至 $\gamma_{\mathrm{K}}\gg 1$ 情况下仍然可以采用电子隧穿概念，但是此时电子隧穿过程中的势是变化的。因此，这种情况将不能再用简单的隧穿公式予以描述，但是可以采用数值求解含时薛定谔方程的方法。为简单起见，这里仍只考虑如下一维的情况：

$$\mathrm{i}\hbar\frac{\partial}{\partial t}\psi(x,t)=\left[-\frac{\hbar^2}{2m_{\mathrm{e}}}\frac{\partial^2}{\partial x^2}+U(x)+xeE(t)\right]\psi(x,t) \tag{5.9}$$

其中，

$$E(t)=\tilde{E}(t)\cos(\omega_0 t+\phi) \tag{5.10}$$

式中，$E(t)$ 为激光电场；$U(x)$ 为束缚势。这里仍将 $U(x)$ 考虑为简单势阱：当 $|x|\leqslant L/2$ 时，$U(x)=-U_0$，其余位置处 $U(x)=0$。图 5.5 所示结果的实际模拟范围实质上远大于图中所示区域。由图 5.5 可知，以 $t=0$ 时刻的有限势阱的基态波函数为起始点，电子波函数的实数部分以频率 $E_{\mathrm{b}}/\hbar$ 随时间振荡。这一点也可根据基本量子力学理论推断出 (当 L=0.6nm 时 $E_{\mathrm{b}}\approx U_0$)。图 5.5 中，在瞬时电场 $E(t)$ 从 $E(t=0)=0$ 增加至其峰值 $E(t=0.7\mathrm{fs})=\tilde{E}_0$ 的过程中，波包束缚部分向左侧

移动。这种电荷的移动对应势阱中的光跃迁过程。图 5.6 与图 5.5 类似，唯一不同的是 $\tilde{E}_0 = 1.5 \times 10^{10}\text{V/m}$，因而 $\gamma_K \approx 2$。

图 5.5　电子波函数实部解 (一)

在电场规范下通过求解含时薛定谔方程 (5.9) 得到的电子波函数的实部 $\text{Re}(\psi(x,t))$ 随坐标 x 和时间 t 的变化关系，x 从 -3nm 变化到 1nm，t 从 0 变化到 1fs。$t=0$ 时刻电子位于势阱 $U(x)$ 的基态，势阱深度为 U_0，宽度为 L(图 5.2)。相关参数为 $\phi = -\pi/2$，$\hbar\omega_0 = 1.5\text{eV}$，$m_e = m_0$，$L = 0.6\text{nm}$，$U_0 = 15\text{eV} \approx E_b$。恒定电场包络 $\tilde{E}_0 = 3 \times 10^{10}\text{V/m}$，对应的光强 $I = 1.1 \times 10^{14}\text{W/m}$

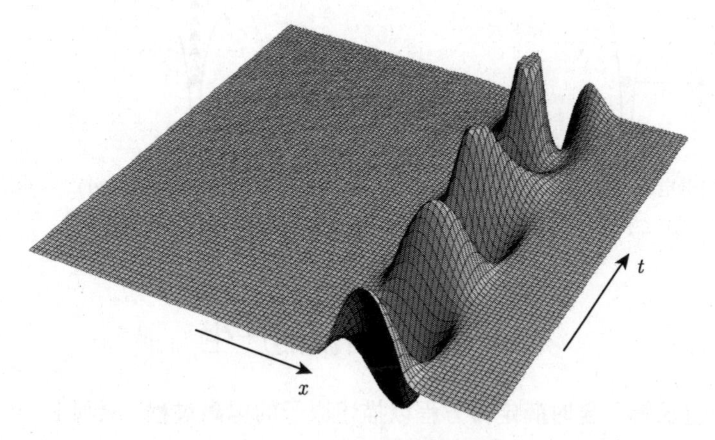

图 5.6　电子波函数实部解 (二)

图 5.6 中势阱内的波函数表现出了更多的细节结构。这说明，此光场激励作用不仅在势阱中导致了从基态到相邻激发态的跃迁过程，而且出现了从基态到更高激发态甚至自由态之间的跃迁过程。此外，波函数也显示了在束缚势以外的贡献成分，这对应于隧穿出势阱的过程。这部分贡献成分在电场的加速作用下，最终导致了高次谐波产生，这些内容将在后面进行讨论。这里要注意的是，图 5.6 中电场

最大值的时刻 $t = 0.7\text{fs}$ 和被移动到左侧的电子波包的发射时刻之间存在时间延迟(图中所示时间轴尺度的末端值为 1.0fs)，这源于电子隧穿时间 t_{tun}。另外，由上述半经典阈值的讨论也可推知，如果峰值电场 $\tilde{E}_0$ 仅减小为原来的 1/2，则隧穿电离过程会得到极大的抑制。

除了“蛮力式”的数值算法，还可以采用什么方法描述 $\gamma_{\text{K}} \gg 1$ 时的情况呢？事实上，从数学角度考虑这样的处理方法具有相当大的吸引力，且已成功应用于 $\gamma_{\text{K}} \gg 1$ 情况时的分析讨论中。因此，这实质上已进入了多光子吸收机制。这里仅考虑激光电场不是非常强的情形，以便可以研究从束缚态到非束缚态的跃迁过程。此时，可以对激光场对束缚态的影响进行一阶近似。此外，如果忽略库仑束缚势对非束缚态的影响，那么相关非束缚态将变得与 Volkov 态相同。Volkov 态由一系列 N 光子边带组成，且随着激光强度的增加，边带相对增强。应谨记的是，在 Volkov 态的讨论中，激光电场的影响是作为微扰考虑的。这两种机制，即静电隧穿机制 ($\gamma_{\text{K}} \ll 1$) 和多光子吸收机制 ($\gamma_{\text{K}} \gg 1$) 如图 5.7 所示。而 $\gamma_{\text{K}} = 1$ 对应的激光光强为 10^{14}W/cm^2。

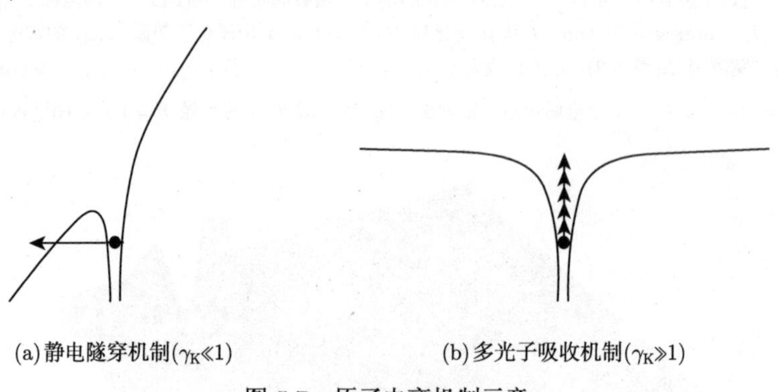

(a) 静电隧穿机制($\gamma_{\text{K}} \ll 1$)　　(b) 多光子吸收机制($\gamma_{\text{K}} \gg 1$)

图 5.7 原子电离机制示意

5.2 高次谐波的产生

前面数值求解了含时薛定谔方程以描述原子的电离过程。原则上，可以利用求得的瞬时波函数 $\Psi(r,t)$ 由其期望值 $\langle \Psi(r,t)|-er|\Psi(r,t)\rangle$ 求得原子偶极动量。此参量与原子密度的乘积即为宏观光学极化强度 P，如此便可求解麦克斯韦方程组。若忽略光场与原子相互作用过程中的传播效应，则辐射电场与光学极化强度 P 的二阶时间导数成比例，其傅里叶变换的平方模即高次谐波 (强度) 谱。此处理方法的正确性已得到证实。典型的原子隧穿电离产生的高次谐波谱如图 5.8 所示。一般来说，对于阶数较低的几阶谐波，其强度随阶数的增加而呈现出几个数量级的迅速衰减；之后出现了平台区，其中谐波强度几乎不变；最后是阶数高于截止阶数 N_{cutoff}

的几阶谐波，其同样存在强度急剧减小的现象。谐波截止阶数依赖激光强度和与之作用的原子或离子的特性。

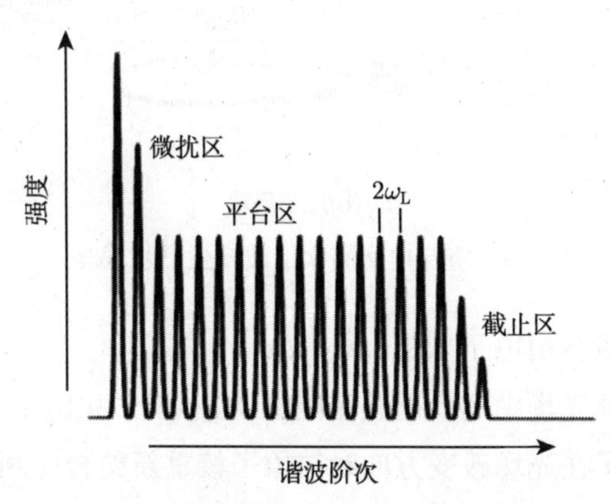

图 5.8　原子隧穿电离产生的高次谐波谱

对于谐波谱的理解，从理论上可以求解如下三维含时薛定谔方程以得到电子的波函数 $\Psi(r,t)$：

$$\mathrm{i}\hbar\frac{\partial}{\partial t}\Psi(r,t)=\left(-\frac{\hbar^2}{2m_\mathrm{e}}\nabla^2+V(r,t)\right)\Psi(r,t) \tag{5.11}$$

进而通过求解物理期望值 $\langle\Psi(r,t)\,|-er\,|\,\Psi(r,t)\rangle$ 得到原子的偶极矩动量 p，根据原子浓度即可最终得出光学介质的极化强度 P。求解麦克斯韦方程可得出如下结论：对于忽略产生后的高次谐波在介质中的传播效应，高次谐波的强度谱正比于此极化强度对时间二阶导数的傅里叶变换模的平方。这样的量子力学分析虽然准确，但需要大量的计算且不能对高次谐波产生的整个微观过程做出直观的解释，因此人们试图从半经典物理学的角度分析这个过程，至今广泛采用的是由 Corkum[4] 提出的高次谐波产生三步模型理论。这里需要特别指出的是，三步模型理论仅考虑介质原子系统中的单原子响应而忽略高次谐波在原子系统中的传播效应，因此其只能从宏观上描述高次谐波谱的特点，尤其是高次谐波截止阶数的计算等。谐波各频谱分量谱相的计算，仍需要通过求解含时薛定谔方程。

三步模型理论从强场非线性光学光场电离物理机制出发，采用如下两个基本假设。①由于外加光场与库仑场相近，因此可以认为原子的外层电子一旦通过量子隧穿效应穿越势垒，可认为其已经不受库仑势的影响而成为自由电子。此时自由电子仅受外加光场的作用。②在 $\gamma_\mathrm{K}<1$ 的条件下，可以仅考虑基态而忽略其他所有束缚态对整个原子系统演化的贡献。实际上，上述两个假设已经被量子力学理论证明是强场非微扰非线性光学机制的主要特征。基于这两个假设，隧穿电离高次谐波产生的整个过程可以描述为如下三步模型，如图 5.9 所示。

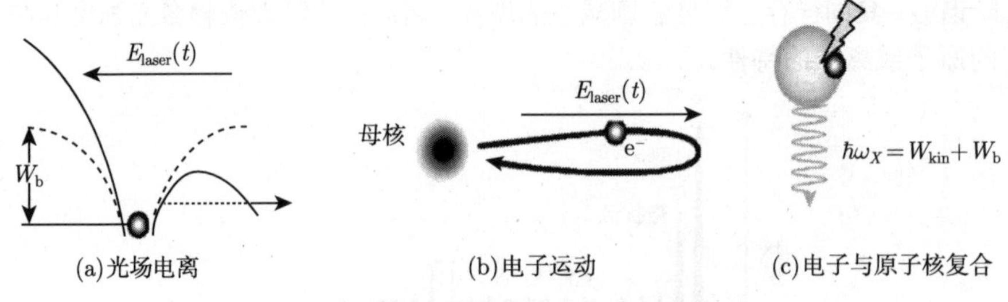

图 5.9　隧穿电离高次谐波产生三步模型

(1) 隧穿电离产生自由电子 (图 5.9(a))；

(2) 自由电子在外光场中运动而获得能量 W_{kin}(图 5.9(b))；

(3) 一些自由电子在光场改变方向时与原子核重新结合而回到基态，以光子形式释放能量产生高次谐波 $\hbar\omega_X = W_{\text{kin}} + W_b$(图 5.9(c))。

与上述直接求解麦克斯韦方程组的方法相比，采用 Corkum 提出的三步模型，从半经典理论角度讨论高次谐波产生过程颇具启发意义且更加直观。然而，其结果与上述求解含时薛定谔方程所得结论是定性相同的，而且此结论甚至与束缚势 $U(r)$ 的具体形式之间没有多大的依赖关系。

依据高次谐波产生过程的三步模型，原子首先在某一时刻被电离 (第一步)。根据式 (5.8) 或图 5.3 可知，当激光电场的模达到最大值时，原子瞬时电离率达到峰值。这里考虑激光为线偏振的情形。在刚被电离的时刻，电子初始速率为 0，势能为 E_b。此后电子在激光电场中被加速 (第二步)，在接下来的半个周期内光电场符号发生变化，因此电子将再次被减速。这使几飞秒后电子会初次回到其最初被电离时的位置。此时，电子的总能量 E_e 是其束缚能 E_b 与自产生之后在光电场中获得的动能之和。从经典角度分析，电子将穿过原子核。但从量子力学角度看，此时将发射一个能量等于电子能量的光子，而电子将重新回到束缚态 (第三步)。这样，可获得的最大光子能量 $\hbar\omega = N_{\text{cutoff}}\hbar\omega_0 = E_e$ 将直接与最大电子能量 E_e 相联系。一旦原子被电离，原子核的库仑场就可以忽略，因此电子在本质上可视为自由电子，只需简单求解牛顿第二定律 $m_e\ddot{x} = -eE(t)$ 即可得知电子在外光电场中的运动。其中，$E(t) = \tilde{E}(t)\cos(\omega_0 t + \phi)$ 且 $\phi = 0$。在电子电离产生的时刻 t_0，电子的位置坐标和速度均为 0，即 $x(t_0) = 0$，$v(t_0) = 0$。对于恒定场包络的情形，$\tilde{E}(t) = \tilde{E}_0$，其解为

$$x(t) = \frac{e\tilde{E}_0}{m_e\omega_0^2}\left\{[\cos(\omega_0 t) - \cos(\omega_0 t_0)] + \omega_0(t - t_0)\sin(\omega_0 t_0)\right\} \tag{5.12}$$

$$v(t) = \frac{e\tilde{E}_0}{m_e\omega_0}[\sin(\omega_0 t) - \sin(\omega_0 t_0)] \tag{5.13}$$

因此 t 时刻电子的动能为

$$\frac{m_e}{2}v^2(t) = 2\langle E_{\text{kin}}\rangle[\sin(\omega_0 t) - \sin(\omega_0 t_0)]^2 \tag{5.14}$$

式 (5.14) 中引入了质动能 $\langle E_{\text{kin}}\rangle$。例如，对于 $\omega_0 t_0 = 0$，在 $\phi = 0$ 条件下可得峰值电子动能为 $2\langle E_{\text{kin}}\rangle$；而对于 $\omega_0 t_0 = \pi/2$，峰值电子动能为峰值 $8\langle E_{\text{kin}}\rangle$。然而，需要计算的是电子初次回到原子核时的最大动能，即 $t = t_1 > t_0$ 且 t_1 满足关系式 $x = 0 = x(t_1)$。因为电子产生相位 $\omega_0 t_0$ 的周期为 2π，所以考虑相位区间 $[-\pi, +\pi]$ 已足以代表整个光场的作用过程。由式 (5.12) 可知，相位位于区间 $[-\pi, -\pi/2]$ 的电离电子能够再次返回原子核 $x = 0$ 处，而区间 $[-\pi/2, 0]$ 的电离电子则不能。类似的分析可知，位于区间 $[0, \pi/2]$ 的电离电子可以，而 $[\pi/2, \pi]$ 的电子则不可以重新回到原子核。式 (5.12) 和式 (5.14) 的数值解或图示解 (图 5.10) 都表明，在初次返回原子核时具有最大动能的电离电子的产生相位为 $\omega_0 t_0 \approx -\pi + 0.3$，返回相位为 $\omega_0 t = \omega_0 t_1 \approx 1.3$，此最大值位置也可等价为产生相位为 $\omega_0 t_0 \approx +0.3$，返回相位为 $\omega_0 t = \omega_0 t_1 \approx 1.3 + \pi$。将这些数值代入式 (5.14)，可以得到电子动能为 $3.17\langle E_{\text{kin}}\rangle$，因此此时电子总能量 $E_e = E_b + 3.17\langle E_{\text{kin}}\rangle$(图 5.11)。在这些特征相位处，电场瞬时值为 $|E(t_0)| = \tilde{E}_0|\cos(\omega_0 t_0)| = \tilde{E}_0 \times 0.96$，因此根据式 (5.8) 可知原子的瞬时电离率相当高。例如，当电子产生相位 $\omega_0 t_0 = 0$ 时，原子电离率为其绝对峰值，相应电子返回时间为 $\omega_0 t = \omega_0 t_1 = 2\pi$，此时电子动能为 0。上述三步模型高次谐波产生过程是周期性发生的，其时间频率为 ω_0。因此，谐波的最高阶，即截止谐波阶数就是最接近下述量值的奇整数：

$$N_{\text{cutoff}} = \frac{E_b + 3.17\langle E_{\text{kin}}\rangle}{\hbar\omega_0} \tag{5.15}$$

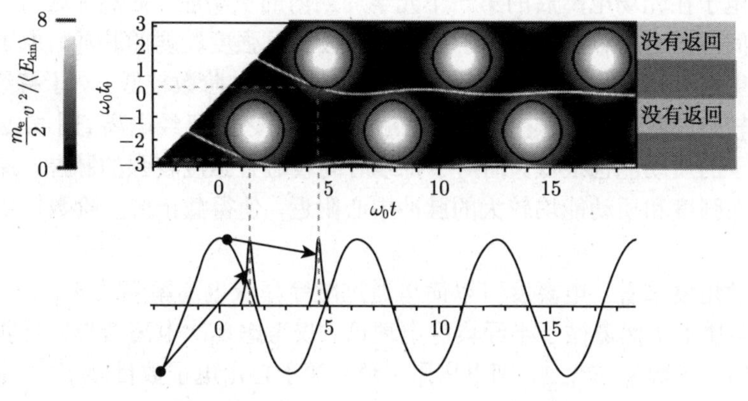

图 5.10 式 (5.12) 和式 (5.14) 的图示解

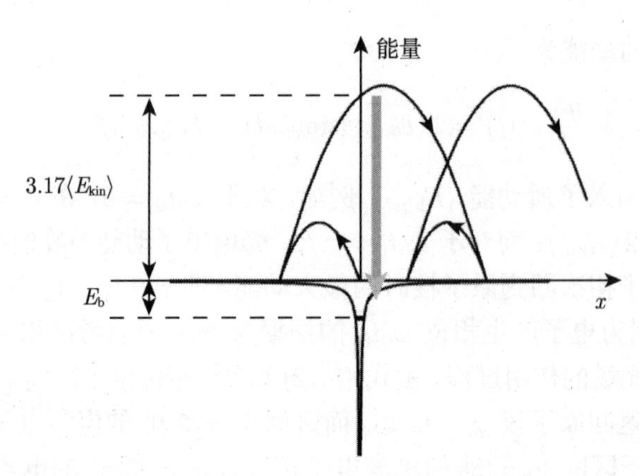

图 5.11 电离电子动能 $m_{\rm e}v^2(t)/2$ 与其相应位置坐标 $x(t)$ 之间的变化关系

注意，截止谐波阶数与激光强度 $I \propto \langle E_{\rm kin}\rangle$ 呈线性关系。在静场极限下，后者的截止阶数 $N_{\rm cutoff}$ 正比于激光强度的二次方根 $\sqrt{I} \propto \Omega_{\rm R}$。但是，这两种情形的共同点是它们都存在截止谐波，这的确不是一个先验性结论。以惯常方式考虑，可能会认为高次谐波强度随着谐波阶数 N 的增加而出现连续衰减过程，也就是不会出现锐利的谐波截止现象。例如，源于自由电子相对论性非线性汤姆森散射效应的高次谐波产生过程没有类似的截止现象。

如果希望得到尽可能大的 $N_{\rm cutoff}$，则由式 (5.15) 可知这意味着需要较大的束缚能。然而，在某些条件下电子运动将进入相对论范畴，此时相关数值分析表明将产生波长小于 0.1nm 的高次谐波。对于给定类型的原子，其 $E_{\rm b}$ 也随之确定，截止谐波阶数显然随着质动能的增加而增大。但是应该注意的是，在上述半经典模型中已默认假定原子没有被电离，因此在脉冲激发情况下，由式 (5.15) 给出的 $\langle E_{\rm kin}\rangle$ 应理解为电子在光场电离后的第一个光学周期内的质动能。显然，这引入了对脉冲持续时间的固有依赖关系。对于持续时间较长且强度较弱的脉冲，原子在脉冲中心处发生电离，因此电子质动能较小，使得截止谐波阶数较低。对于持续时间较长且强度较强的脉冲，原子在脉冲包络达到最大值之前已经电离 (图 5.12(a))，同样此时电子的质动能也很低。而对于持续时间较短且强度较强的脉冲，原子电离过程发生在强度和质动能均较大的脉冲中心附近，使得截止谐波阶数向更高阶数移动。

从数学角度来看，电离度可以简单通过隧穿率或电离率表达式 (5.8) 的积分得到。这实质上仍然遵循了半经典静电理论。仅考虑单次电离情形，且假定光场激励之前的原子数为 $N^0_{\rm atom}$，则电离原子数目等于自由电子数目 $N_{\rm e}(t)$，未被电离的原子数目为 $N_{\rm atom} = N^0_{\rm atom} - N_{\rm e}(t)$。结合式 (5.8) 的瞬时电离率 $\varGamma_{\rm ion}(t) \geqslant 0$，可得

$$\frac{\mathrm{d}N_{\mathrm{e}}(t)}{\mathrm{d}t}=\Gamma_{\mathrm{ion}}(t)N_{\mathrm{atom}}(t) \tag{5.16}$$

其正常解为

$$N_{\mathrm{e}}(t)=N_{\mathrm{atom}}^{0}\left\{1-\exp\left[-\int_{-\infty}^{t}\Gamma_{\mathrm{ion}}(t')\mathrm{d}t'\right]\right\} \tag{5.17}$$

电离度是一个在 0~1 单调增加的数值，由 $N_{\mathrm{e}}(t)/N_{\mathrm{atom}}^{0}$ 给出。图 5.12 给出的数值解证实了上述定性结论。这里要注意的是，式 (5.13) 潜含的静场近似在脉冲两翼的正确性值得商榷，因为此时电场很弱而 Keldysh 参量很大。实际上，含时薛定谔方程的数值解则呈现出对脉冲持续时间更加强烈的依赖关系。

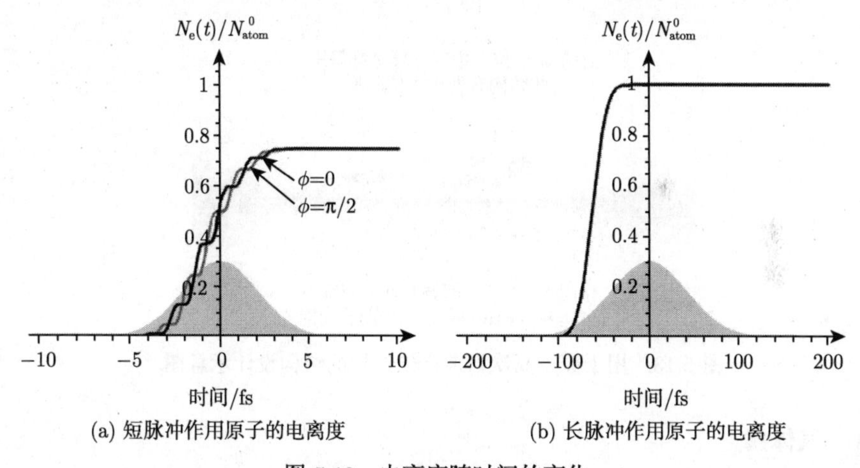

(a) 短脉冲作用原子的电离度 (b) 长脉冲作用原子的电离度

图 5.12 电离度随时间的变化

在前面已经提到，原子与高强度激光脉冲相互作用可产生高达几百阶的高次谐波，这些高次谐波可导致极紫外辐射孤立单阿秒脉冲或阿秒脉冲群的出现。图 5.13 给出了此类实验中常用的三种作用结构。有关此高次谐波产生过程的微观描述，常采用的办法是求解含时薛定谔方程。为了将实验结果与理论描述进行直接的比较，实验结构的设计需要考虑两方面内容：具有孤立偶极子近似，避免高次谐波产生过程中的传播效应。基于这样的考虑，图 5.13(a) 所示的低浓度气体结构可近似视为满足此类要求。当然，如果拟获得具有最高强度的极紫外辐射，则需要采用具有较大有效作用长度的结构设计。根据前述讨论可知，对于疏周期激光脉冲场，图 5.13(a) 所示的低浓度气体结构对高次谐波产生过程更为有利；而图 5.13(b) 或 (c) 所示的结构则适合在较长激光脉冲时采用。尽管如此，目前典型的高次谐波转换效率约为 10^{-5}。而在传统非线性光学机制下，二次谐波产生过程中的转换效率近似为 100%。

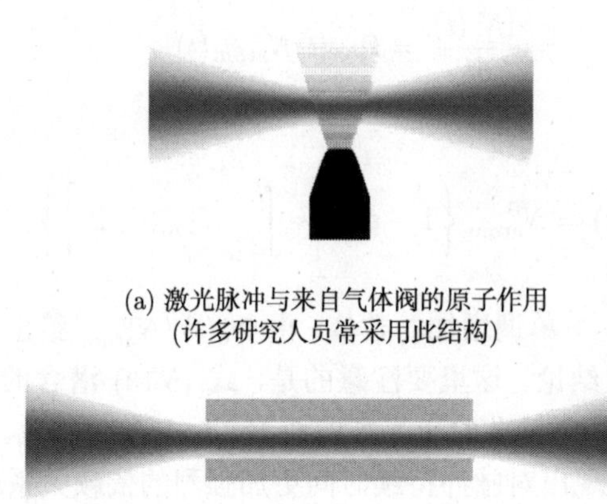

(a) 激光脉冲与来自气体阀的原子作用
(许多研究人员常采用此结构)

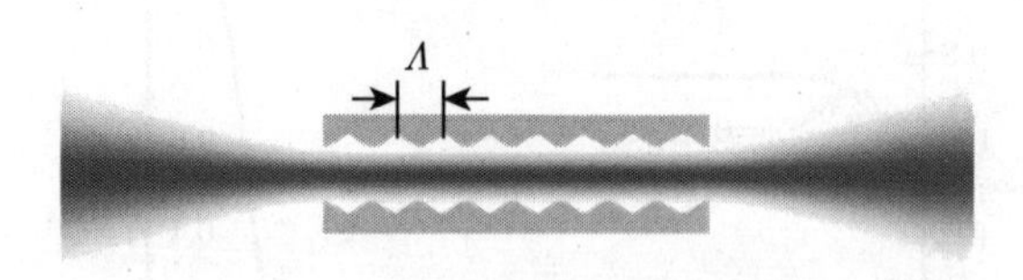

(b) 原子位于中空气体毛细管中
(此结构有助于相位匹配)

Λ

(c) 原子位于空间调制性毛细管中
(可实现准相位匹配，Λ为调制周期)

图 5.13　用于原子高次谐波产生过程的结构设计示意图

5.2.1　气体阀

作为示例，图 5.14 给出了 200fs 光脉冲与氦气原子作用产生的高次谐波谱。其中，可清晰分辨的谐波阶数直至第 101 阶 [5]。采用氦气为作用介质，载波光子能量 $\hbar\omega_0 = 1.5\text{eV}$ 的激光脉冲为激励光源，在实验中产生了光子能量高达 $\hbar\omega \approx 0.5\text{keV}$ 的高次谐波，其谐波阶数近似为 $N \approx 333$。相比图 5.14 中的情形，此实验在采用较低光脉冲强度的条件下产生了更高阶的谐波成分，其原因是采用了脉冲宽度小得多的光脉冲。根据前述分析结果，具备这种特性的光脉冲场将在低电离度的条件下，使电子在电离后的第一个光场周期内具有较高的质动能 $\langle E_{\text{kin}}\rangle$。目前已有从氦原子中产生光子能量甚至高于 0.7keV 谐波辐射场的文献报道，其采用了基于 Gouy 相位频率依赖性的部分高次谐波相位匹配技术。

为具体理解高次谐波谱型的成因并优化谐波产生过程中的转换效率，必须考虑高次谐波产生过程中的相位匹配效应。据前述分析可知，第 N 次谐波分量的相干长度为

$$l_{\text{coh}}(N) = \frac{\pi}{|\Delta K|} \tag{5.18}$$

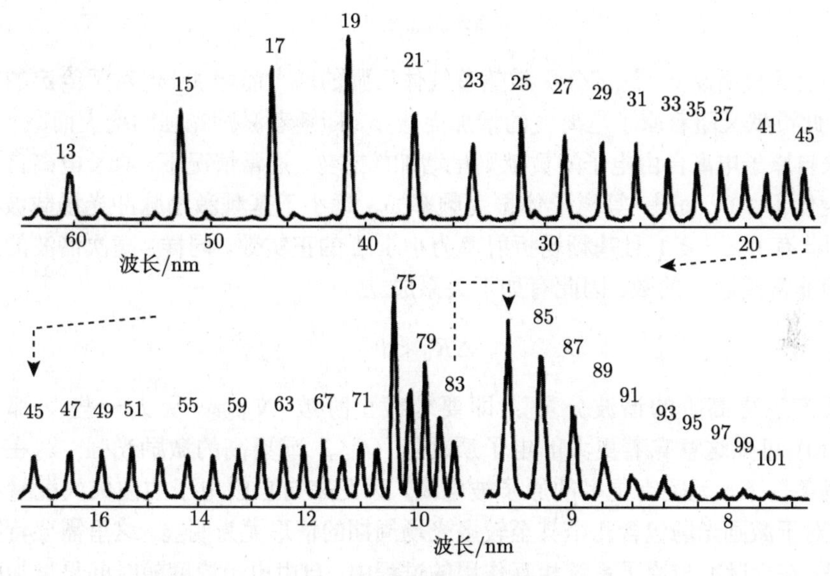

图 5.14 高次谐波谱实例

显然，它与基频激励光场和 N 次谐波分量场波矢的失配量 ΔK 有关。ΔK 可表示为

$$\Delta K = \frac{N\omega_0}{c_0}\left[n(\omega_0) - n(N\omega_0)\right] \tag{5.19}$$

对于与基频激励光场作用的原子系统，其总波矢失配量主要由三部分组成：来自未电离原子的波矢失配量 ΔK_{atom}，来自原子电离自由电子的波矢失配量 ΔK_{e}，以及来自原子系统所用波导的波矢失配量 ΔK_{wg}。严格来讲，总波矢失配量需要在综合考虑这三部分作用过程相应线性光学极化率的基础上，通过计算总折射率差而最终由式 (5.19) 给出。如果考虑到所有相关折射率均非常接近 1 这个物理条件，则总波矢失配量求解的复杂物理过程可以进行适当的简化。涉及的相关近似如下：

$$n(\omega) = \sqrt{\varepsilon(\omega)} = \sqrt{1 + \sum_i \chi_i(\omega)} \approx 1 + \sum_i \chi_i(\omega)/2 \approx 1 + \sum_i \left[n_i(\omega) - 1\right]$$

相应地，总波矢失配量可视为上述三部分贡献的简单线性合成，即

$$\Delta K = \Delta K_{\text{atom}} + \Delta K_{\text{e}} + \Delta K_{\text{wg}} \tag{5.20}$$

未电离原子系统的折射率为 $n_{\text{atom}} = \sqrt{\varepsilon} = \sqrt{1+\chi}$。一般来讲，极化率 χ 包含一系列共振跃迁的贡献。在原子系统高次谐波产生过程中，基频光的折射率远大于 1，而高次谐波的折射率非常接近 1。因此，通常有如下关系成立：

$$\Delta K_{\text{atom}} > 0 \tag{5.21}$$

由上述分析易知，这部分贡献随着气体压强的增大而增加。但对于给定的气体压强，此贡献又随着原子电离度的增加而减小，即随着激励光强的增大而减小，但此时来自原子电离自由电子的贡献则呈增加的态势。通常情况下，原子电离自由电子浓度低于 $10^{20}/\text{cm}^3$，等离子体振荡频率 ω_{pl} 远小于基频激励脉冲光场载波频率 ω_0，因此有 $0 < \varepsilon < 1$ 且基频场折射率为小于 1 的正实数。同样，高次谐波的折射率仍为非常接近 1 的数。因此有如下关系成立：

$$\Delta K_{\text{e}} < 0 \tag{5.22}$$

要产生更高阶的谐波分量，即要求截止阶数 N_{cutoff} 更大一些，那么由式 (5.19) 可知这意味着更大的电子质动能 $\langle E_{\text{kin}} \rangle$ 或更高的激励光强 I。在这样的激励条件下，无疑有更多的原子被电离，因此来自自由电子的波矢失配量将增加，这对于激励光场包含几个甚至较多光场周期的情形尤为明显。这里需要特别注意的是，在光脉冲与原子系统相互作用的过程中，自由电子浓度随时间呈增加的态势，这就要求其中的相位匹配条件也要随时间进行相应的调整。

在一维平面波近似相关讨论之外，仍有两个附加物理效应影响着高次谐波谱。Gouy 相位色散的内在物理机制与气体毛细管的特性直接相关。下面给予详细讨论。另外，作用光束光场在焦点处的横向分布特性 (如高斯分布) 也使其中的电子分布呈现出相应的特点：中心处光场强度较高，因此原子电离度较大，电离产生的电子浓度也较高；边翼处则正好相反。此电子浓度分布特性使中心处自由电子折射率较小而边翼处折射率较大，最终导致作用激光光束的散焦。这无疑严重地缩短了激励激光场与气体相互作用的有效长度。

5.2.2 中空波导

首先区别如下两类情况。①式 (5.20) 中来自自由电子的贡献相比原子可以忽略，即 $|\Delta K_{\text{atom}}| \gg |\Delta K_{\text{e}}|$，其常发生在仅产生较低阶谐波的条件下。②来自自由电子的贡献远大于原子部分，即 $|\Delta K_{\text{atom}}| \ll |\Delta K_{\text{e}}|$，此情形常发生在激光场较强且产生谐波阶数也较高的条件下。本小节将重点讨论第 1 种情况，第 2 种情况将在稍后章节涉及。

在第 1 种情况中，来自波导色散效应的贡献必须能够补偿正的原子波矢失配量。也就是说，正的原子波矢失配量 ($\Delta K_{\text{atom}} > 0$) 要求能够提供负的等值波导色散波矢失配量 ($\Delta K_{\text{wg}} < 0$)，以达到完全 ($\Delta K = 0$) 或近似完全 ($\Delta K \approx 0$) 波矢匹配。鉴于此，物理上常采用如图 5.13 所示的中空气体波导结构。实际上，由于光场在其中传输时存在损耗 (如与气体原子作用过程的光吸收效应)，上述结构并不满足严格意义上的波导。然而，根据几何光学相关理论及分析可知，以近掠入射方

式入射到玻璃微管波导 (典型折射率为 1.5) 中的光线将在其中经历光学反射过程，且其每次反射仅有百分之几的极低损耗。为了计算其中光场分布并最终讨论光场沿波导传输时的色散关系，需要给定光波的具体特性。此电磁场问题已在许多年前研究过，其电磁场分布可由贝塞尔函数表示。

从直观上考虑，根据测不准原理，波导模式在横向受到的约束作用将直接导致其横向动量的弥散。而对于给定频率的光场，其波矢模量 $|K|=\sqrt{K_x^2+K_y^2+K_z^2}=\omega/c_0$ 为常数，横向分量 K_x 和 K_y 的弥散将使沿毛细管轴向的纵向分量 K_z 减小。如果考虑纵向波矢在横向的差别，可通过均值算法引入有效纵向波矢分量 K_z^{eff}，即传播常数。这样，中空波导的有效折射率 n_{wg} 可由电磁光场色散关系直接得出：

$$\frac{\omega}{K_z^{\mathrm{eff}}}=c=\frac{c_0}{n_{\mathrm{wg}}(\omega)} \tag{5.23}$$

由于 $K_z^{\mathrm{eff}}<|K|$，则由式 (5.23) 可知，对于任意频率 ω，都有关系式 $n_{\mathrm{wg}}(\omega)<1$ 成立。这意味着此中空波导中光场的相速度均大于其在真空中的传播速度 c_0。实际上，$n_{\mathrm{wg}}(\omega)$ 有如下频率依赖关系：

$$n_{\mathrm{wg}}(\omega)=1-\frac{\omega_{\mathrm{crit}}^2}{\omega^2} \tag{5.24}$$

对于较大的光场频率 ω，其波长远小于毛细管的直径，此时光场在波导中的传输过程几乎不受波导约束效应的影响，即达到了几何光学的极限。据此可得 $n_{\mathrm{wg}}(\omega\to\infty)\to 1$。将式 (5.24) 代入式 (5.19) 可得

$$\Delta K_{\mathrm{wg}}<0 \tag{5.25}$$

ω_0、ω_{crit} 和 r_{cap} 之间存在着如下关系：$\omega_0\gg\omega_{\mathrm{crit}}\propto 1/r_{\mathrm{cap}}$，也就是说 ΔK_{wg} 的大小可由毛细管的半径来调节。如果同时联系前面内容可得结论——原子波矢失配量 ΔK_{atom} 与气体压强密切相关，且综合上述论述易知，相位匹配条件 $\Delta K=\Delta K_{\mathrm{atom}}+\Delta K_{\mathrm{wg}}=0$ 可通过调节气体压强来实现。氩原子的第 31 阶谐波强度随气体压强的变化关系如图 5.15 所示。

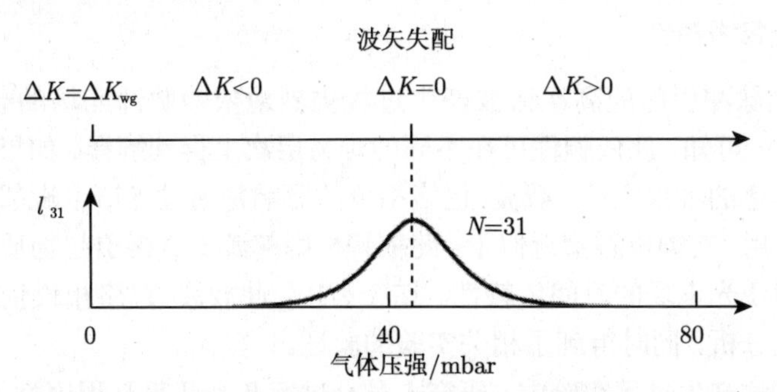

图 5.15 氩气原子的第 31 阶谐波强度 (线性坐标尺度) 随气体压强的变化关系 (1mbar=10^2Pa)

5.2.3 空间调制型毛细管

对于产生阶数非常高的高次谐波情况，来自自由电子的波矢失配量 ΔK_{e} 已大于甚至远大于 ΔK_{atom}。显然此时来自自由电子的波矢失配量不能被前述中空波导补偿，而且因为两类波矢失配参数的固有正负特性 ($\Delta K_{\mathrm{e}} < 0$、$\Delta K_{\mathrm{wg}} < 0$)，此情形下若继续采用上述中空波导将会使波矢失配总量更大。值得注意的是，在发明红宝石激光的两年之后，也就是 1962 年，Bloembergen 等 [6] 引入了准相位匹配的概念。而这里将讨论的第 2 种情况的相位匹配问题恰好用到了此物理概念。假定存在一有限波矢失配量 $\Delta K < 0$，如果基频光波和高次谐波共同传播的长度为 l，那么两者获得的附加相位差为 $l\Delta K$。当 $l = l_{\mathrm{coh}}$ 时，$l\Delta K = \pi$。若保持传播条件不变而使两者继续传播第二个相干长度，则高次谐波场将经历相消干涉作用，其结果为当完成此相干长度穿越时高次谐波场完全变为 0。然而，如果能够改变高次谐波场在第二个相干长度内非线性的符号，即 $\tilde{\chi}^{(N)} \to -\tilde{\chi}^{(N)}$，则第二个相干长度内将出现完全不同于相消干涉的相长干涉。这意味要求的空间周期为

$$\Lambda = 2l_{\mathrm{coh}} \tag{5.26}$$

这就是准相位匹配的基本物理思想。针对本小节阐述的物理情形，这里并不能完全照搬此物理思想而试图周期性调制气体的非线性特性。但一个极为相关的物理思想是周期性调制高次谐波产生过程的量值，此方法虽然效率不高但却有效。高次谐波产生过程对激励光强度和光场载波包络相位非常敏感，因此即使气体毛细管半径的微小变化都可以产生根本性的影响，如导致此谐波产生过程的发生和猝灭。从本质上讲，此类物理效应属于非微扰光学机制，因此严格意义上并不能通过非线性光学极化率参数来描述。尽管如此，仍可通过此参数大致了解气体毛细管半径尺寸的调制作用。

5.2.4 载波–包络相位

疏周期光脉冲引起的高次谐波产生过程强烈地依赖脉冲光场的载波–包络相位，由前述论述可知，此依赖性可在不同的难易层次上得到解释。如果采用基于非线性光学极化率的唯象方法，载波–包络相位的影响是通过光谱上毗邻的谐波分量之间的干涉作用；在静电隧穿近似下，此依赖性则起源于直接引起物质原子隧穿电离过程的瞬时激光电场的时间依赖性。迄今为止，此载波–包络相位依赖性已进行了详尽的理论分析，同时得到了相关实验的验证。

在高次谐波产生过程实验中，研究人员会进行几个几乎是程序性的相关环节：首先采用载波–包络相位锁定的锁模激光器；其次将光脉冲能量放大至几毫焦量级；再通过充满氖气的中空波导中的自相位调制作用尽可能展宽其频谱，以产生白光

型连续谱；接着压缩此频谱展宽后的光脉冲，以产生宽度为 5fs 左右的超短脉冲；最后将此超短脉冲聚焦在 2mm 长的氖气样品上以激发产生高次谐波，此时焦点处的激光强度约为 $7\times10^{14}\mathrm{W/cm^2}$。令人惊奇的是，只要锁模激光器载波–包络相位的相对抖动保持在 50mrad 以内 (即相位变化小于 1%)，经上述几个光学调制环节而最终产生的光脉冲的载波–包络相位也是锁定的。这在另一方面也意味着，在从初始激光谐振腔到高次谐波产生用气体样品的整个穿越过程中，光脉冲场实际相位的变化总是 2π 的整数倍。

高次谐波谱对激发场相位的依赖性如图 5.16 所示 [7,8]。很显然，高次谐波谱对激发场的载波–包络相位有着强烈的周期性依赖关系，且因作用气体具有的反演对称性，此变化周期为 π(而不是 2π)。对于载波–包络相位 $\phi=0$ 和 π 的情形 (图 5.16(b))，位于谐波谱高能量端 (120~130eV) 的各高次谐波峰消失而合并为一连续谱，这一点也可由图 5.4 推知；然而对于 $\phi=\pm\pi/2$ 的情形，此处的高次谐波峰清晰可见。同时图 5.16 显示具有较低光子能量的各高次谐波峰在任何载波–包络相位设置下不会合并为一连续谱。实际上，当考虑到不同光子能量的高次谐波的来源时，它们在载波–包络相位依赖性方面的这种差异便不难理解了：谐波谱截止频率附近的各高次谐波是由位于脉冲周期中心处的特定光场唯一产生的；而阶数较低的谐波分量则来自其他光场强度相同但出现时刻不同的光场部分。同时，图 5.16 中也显示了光子能量为 90~120eV 的各高次谐波峰随载波–包络相位的不同，其位置也发生相应的变化，即其谐波频率并不总是满足关系 $\hbar\omega_N=N\hbar\omega_0$ 而位于激励基频光频率的奇数倍高次谐波频率处。也正因此，当载波–包络相位不锁定时，此类较低阶谐波峰将变得模糊甚至不可分辨 (图 5.16(e))。另外也可看出，各高次谐波峰之间在能谱上是等间距的，且间距约为 $2\ \hbar\omega_0=3\mathrm{eV}$。基于上述讨论，各高次谐波峰的位置定义如下：

$$\omega_N=N\omega_0+\varDelta_N(\phi) \tag{5.27}$$

式中，谐波阶数 N 为奇数；频移 $\varDelta_N(\phi)$ 由激励光场载波–包络相位 ϕ 和谐波阶数 N 共同决定。对于 $\varDelta_N(\phi)=\omega_0$ 的情形，各谐波分量都将是激励基频光场的偶数阶高次谐波。式 (5.27) 界定的频率关系很容易使人联想到锁模激光谐振腔中的频率梳现象。

在时域内，频移 $\varDelta_N(\phi)$ 意味着两相邻阿秒脉冲并非是完全相同的，其彼此之间的阿秒载波光场振动相对阿秒包络的相位 ϕ_{as} 存在相应的变化。实际上，在等价的意义上也可认为，相邻两个半光场周期内产生的各高次谐波在相位上是不相同的。在不同光场载波–包络相位 ϕ 设置条件下，与高次谐波产生过程密切相关的原子电离及谐波传播过程无疑存在较大的差异。若以此为基础，那么相邻阿秒脉冲之间在其光场载波–包络相位 ϕ_{as} 方面的变化可得到直观的理解。但不管怎样，基于旁轴近似下的三维波动模型及 ADK(Ammosov-Delone-Krainov) 原子电离概率理论，此类相位依赖关系已由原子电离数值解进行了相应的描述。

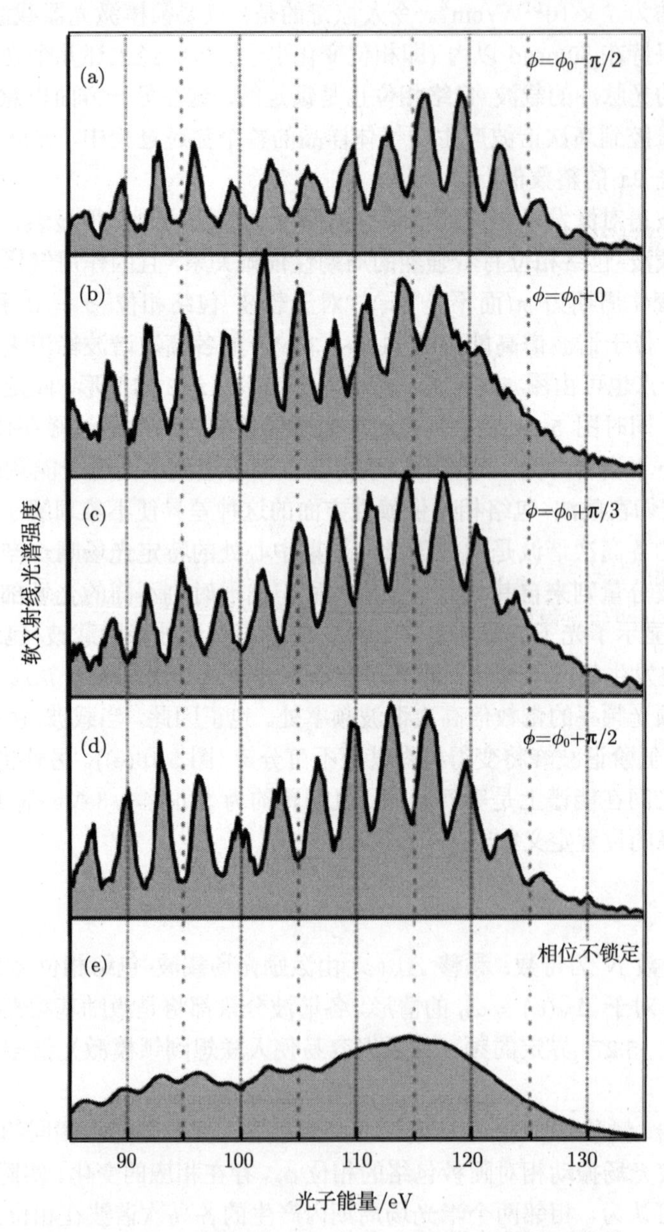

图 5.16 从压强为 16000Pa 的氖气中测得的极紫外线谱

激发光为载波光子能量 $\hbar\omega_0=1.5\text{eV}$，光强 $I=7\times10^{14}\text{W/cm}^2$ 的 5fs 光脉冲。(a)~(d) 对应于如图中所示量值不同但均处于锁定状态的载波包络相位 (这里称为 ϕ)，而 (e) 中载波包络相位未锁定

5.3 阿秒条纹相机

5.3.1 孤立阿秒脉冲的产生

2001 年，奥地利科学家 Krausz 实现了孤立阿秒脉冲激光的产生与测量 (极紫外波段，脉宽为 650as)，宣告超快科学进入了阿秒科学时代 [1]。阿秒是目前人类掌握的最短时间尺度，它将人们对微观物质结构的认识从原子、分子和晶格层面推进到了原子内部电子层面。科学界普遍认为阿秒脉冲光源技术将导致 21 世纪的“阿秒革命”[7]。例如，能清晰地分辨出电子和原子核的运动时间尺度，为控制电子动力学过程提供了独一无二的手段；在阿秒时间和纳米空间尺度分辨电子关联效应，实时观测电子关联促进阿秒新物理模型的建立。电子运动和电子关联机制是解释物理、化学和生物现象的共同微观基础，对其机理的深入理解势必会加深对自然规律的认识。因此，阿秒脉冲激光是原子/分子内电子运动探测、化学反应动力学等基础科学前所未有的研究手段，在超快信息技术、材料科学、生命科学等领域具有重大的应用前景 [1,8–11]。

自阿秒脉冲诞生以来，如何产生更宽的超连续谱进而压缩得到更短的阿秒脉冲，一直是阿秒科学中最核心的问题之一。2004 年，Krausz 研究组通过采用载波包络相位锁定的 7fs 激光脉冲作为驱动光源，进一步产生了脉宽为 250as 的光脉冲 [12]；2006 年，意大利科学家 Nisoli 产生了 130as 的当时最短脉冲 [13]；2008 年，Krausz 到德国马普量子光学所后的研究组再将这一纪录突破到 80as[14]；2012 年和 2017 年，美国中佛罗里达大学的常增虎研究组利用新的选通方案将最短脉宽纪录连续改写为 67as[15] 和 53as[16]；2017 年，瑞士苏黎世联邦理工大学的 Wörner 研究组又将最短相干激光脉冲世界纪录推进到 43as，并保持至今 [17]。这一系列里程碑式的工作不仅凸显了阿秒光学作为研究热点的前沿性，而且对阿秒激光技术飞速发展具有深远的意义，必将辐射并带动其他光物质作用研究领域。

目前，阿秒脉冲的产生方法主要基于超短超强激光与物质相互作用中的高次谐波过程，根据 1993 年 Corkum[4] 提出的高次谐波过程三步半经典模型：强光–物质作用的第一步为电子以量子隧穿方式从被强激光场调制拉弯了的库仑势中隧穿电离出来，形成准自由电子；第二步为准自由电子在激光场中加速；第三步为被加速的电子直接被电离或返回到母核附近再被散射后电离或被母核再次捕获，从而辐射出高次谐波或与另一个电子发生碰撞或关联后产生非序列双激发或双电离。可以看出，阿秒脉冲的产生过程包含了丰富的光激发和光电离等物理过程，其本质是强激光场载波对亚原子电子的调控过程，其中包含了很多困扰物理学家的重大科学问题，如多光子电离效应、电子关联效应、电子隧穿动力学、量子散射动力学等，并成为目前国际上基础物理领域的研究热点。

阿秒激光技术开创了实时捕捉原子尺度下电子运动的新时代，促使科学家探索全新的、更深层次的基础科学问题和以此为基础的颠覆性技术 [18]。例如，电子从原子或分子中剥离出来需要多长时间？电子瞬间剥离出来时分子轨道又是如何重新排列的？在化学反应过程中，电子是如何以及以多快的速度来应对库仑势的影响？整个物理学的基本问题——电子关联动力学机制是如何形成和维持的？面对半导体电子器件吉赫兹开关速度瓶颈，能否用宽带隙绝缘体替代经典半导体硅，实现基于光致阿秒相变的拍赫兹信息处理技术？2002 年，Krausz 研究组以阿秒时间分辨率直接测量到了氪原子中内壳层空穴的寿命呈指数衰减的规律 [19]。2004 年，Krausz 研究组实现了光场载波的直接成像测量 [20]。2007 年，德国 Goulielmakis 研究组基于极紫外阿秒激光对亚原子电子的调控，提出了光波电子学的概念 [21]，2010 年该研究组进行了阿秒瞬态吸收谱实验 [22]，测量了氪离子价电子密度矩阵，实现了原子内部电子运动的实时观测。2014 年，Ott[23] 实现了氦原子中双电子波包的实验重建和调控；同年，Schultze[24] 利用阿秒脉冲观测到了硅材料中带隙间的阿秒动力学过程，发现电子在导带和价带之间跃迁的时间短于 450as。2013 年至今，德国马普量子光学所、美国加利福尼亚大学、日本电报电话公司基础研究实验室等相继开展了基于宽禁带半导体和绝缘体的光致阿秒相变研究 [25−27]，实现了绝缘体中光致光电流开、关的阿秒量级控制 (小于 1fs)，这是拍赫兹信息处理技术研究中的重大突破。此外，阿秒光脉冲技术也被用于实时观测凝聚态系统及其表面上的电子运动特性，如以阿秒分辨率实时记录单晶钨表面发生光电效应时电子的动态过程 [28]。在过去的十多年里，阿秒光学技术不断创造着新的前沿，应用领域覆盖了原子/分子、凝聚态、纳米结构及表面物理等 [29,30]。

鉴于阿秒科学的重大基础研究价值和应用前景，阿秒科学研究催生了国家层面主导的区域性/跨国综合研究中心的形成，这是近年来阿秒科学纵深发展的新态势。目前已运行的有欧洲极端光设施——阿秒光源和韩国浦项阿秒光源 [31,32]，而美国、加拿大、日本等国也正在积极筹建中。美国于 2012 年在中佛罗里达大学成立了佛罗里达阿秒科学与技术前沿研究中心 [33]。该中心联合美国多家研究机构 (加利福尼亚大学伯克利分校、劳伦斯伯克利国家实验室、斯坦福大学、亚利桑那州立大学等) 开展阿秒科学与应用技术的研究。加拿大国家研究委员会与渥太华大学于 2008 年成立了阿秒科学联合实验室，日本理化学研究所、东京大学物性研究所等也在开展着阿秒科学与技术研究。

虽然我国在此领域的起步相对较晚，但因在相关瞬态光学和超快诊断领域的良好积累，近年来在阿秒光学相关的关键单元技术 (如高质量阿秒驱动光源和相位锁定技术、阿秒脉冲测量技术、阿秒瞬时吸收谱技术) 等方面也先后取得了重要进展。中国科学院物理研究所是国内开展阿秒研究较早的研究机构之一，已实现了 160as 孤立阿秒脉冲的测量 [34]；中国科学院上海光学精密机械研究所 (简称中科院上海光机所) 和中国科学院武汉物理与数学研究所利用所掌握的飞行时间谱和高分辨电子能谱测量技术，在原子/分子超快电离动力学、长波驱动高次谐波产生等领域取得了重要进展；北京大学和华东师范大学利用复合测量技术，在原子/分子内电子动力学的阿秒操控方面取得了重要进展。此外，北京应用物理与计算数学研究所、华中科技大学、国防科技大学、上海交通大学、吉林大学、中国科学院近代物理研究所、兰州大学、西北师范大学、陕西师范大学、长春理工大学等多家高校和研究机构都在开展阿秒光学的相关研究。

2005 年，Breidbach[35] 从理论上预言材料光电离的普适响应时间小于 50as；2008 年，Keller 研究组利用阿秒角向条纹技术，证明氦原子中强场隧穿过程隧穿延时的上限为 35as[36]。然而由于缺乏足够短的阿秒激光探针，这些重要预言或半定量结果至今未在实验中得到印证。因此，无论是量子隧穿动力学过程清晰物理图像的构建，还是强场原子/分子相互电子再散射动力学规律的探索，都急需具有更高精度的探测手段——更短阿秒光脉冲。因此本书提出的小于 50as 脉冲产生与测量技术，有望解决这些先导性基础科学问题，推动阿秒科学向纵深发展。例如，对电子隧穿过程的清晰解读，有助于制造出精度更高的阿秒探测技术，实现对凝聚态物质中电子和核的迁移过程的实时监控；对电子关联机制的深刻剖析，将有望揭示超导现象中的库伯电子对形成之谜 [37]。

要获得更短的阿秒激光脉冲，需要满足两个条件。首先，要产生超宽连续光谱。在真空紫外到软 X 射线波段，阿秒脉冲光谱宽度与脉冲本身的中心频率在同一数量级。例如，对于已报道的 67as 光脉冲，脉冲中心光子能量大约是 85eV，光谱的半高全宽已经达到 35eV。其次，通过对各频率相位的精确控制，可实现脉冲宽度压缩。目前，孤立阿秒脉冲的产生方法主要有振幅选通 [2]、电离选通 [38]、偏振选通 [13]、双光选通 [15]、广义双光选通 [39]，以及称为“阿秒灯塔”效应的非共线选通 [40]。其中，振幅选通、电离选通属于光谱选通技术，通过滤波方法选择高次谐波截止区光谱而选通孤立阿秒脉冲。这类技术要求驱动激光必须是载波包络相位锁定的近单周期脉冲，且因所用连续谱宽度受限，800nm 近红外驱动源能实现的最短脉宽近似为 80as[14]。要进一步压缩脉宽，必须采用长波驱动源技术 (如中红外激光技术)。其余方法是时间选通或时间-空间联合选通技术，其优点是可利用超连续谱涵盖整个平台区和截止区，这意味着可望实现更短的孤立阿秒脉冲。更重要的是，相比光谱选通技术，双光学选通和广义双光学选通技术大大降低了对驱动源技术的限制，文献报道采用 28fs 的 800nm 激光脉冲产生了孤立阿秒脉冲 [39]。因此从实现更短脉宽角度考虑，这两种技术无疑应为首选方案。

除了极短的时域宽度，阿秒光脉冲的优越性还体现在高光子能量上。目前实验中产生的孤立阿秒脉冲的光子能量通常在 200eV 以下，若能提高到数百电子伏甚至上千电子伏，将有可能获得光谱覆盖软 X 射线甚至是水窗波段的阿秒脉冲，这将极大地拓展阿秒光学在生物化学领域中的应用和发展。根据高次谐波理论，谐波截止光子能量与驱动光场波长的平方成正比。因此，基于光参量放大原理的少周期长波飞秒激光技术，被称为下一代阿秒驱动源技术 [41]。前述 43as 最短阿秒脉宽世界纪录正是采用 1.8μm 中红外飞秒激光为驱动源，最大光子能量约为 180eV。值得强调的是，其采用的是光谱选通技术中的振幅选通。近年来，基于多色激光光场调控的高光子能量高次谐波产生研究也引起了极大的关注 [42−50]。2013 年，中科院上海光机所的李儒新研究组，利用三色激光束叠加技术，对特定阶数高次谐波的强度实现了有效控制 [49]。同年，日本理化学研究所的 Midorikawa 研究组，通过相干合成波长分别为 800nm 和 1300nm 的两束激光，产生了能量可达吉瓦量级、脉宽为 500as 的单个阿秒脉冲 [50]。Xue[42] 进行了基于 800nm、1400nm 和 1860nm 三色激光相关合成研究，产生的超宽连续高次谐波谱可支持约 300as 的孤立阿秒脉冲。

自从用高次谐波方法产生阿秒脉冲群以后，关于用高次谐波产生单个阿秒脉冲方法的探究就不曾停止过。迄今为止，有两种技术被提出且得到了实验上的验证。

第一种是振幅选通技术，其基本思路是：由于高次谐波产生极紫外阿秒脉冲本质上属于强场非线性光学范畴，根据图 5.17(a) 中线偏振长脉宽驱动脉冲场产生高次谐波脉冲群的原理，通过缩短线偏振驱动脉冲宽度以使只有光场最强时刻具备

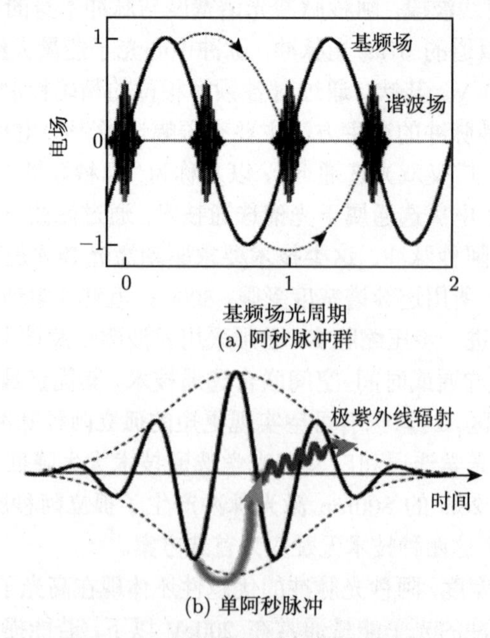

图 5.17 阿秒脉冲群和单阿秒脉冲

高次谐波产生的条件，从而达到在整个光场范围内产生单个阿秒脉冲的结果。该技术中驱动场最强光场与其他峰值光场的相对值越大，即最大峰值光场越强，所产生阿秒脉冲的脉宽越小。

第二种是偏振选通技术，同样采用载波–包络相位锁定的超短飞秒激光脉冲作为驱动光场。其基本思路如图 5.18 所示。根据高次谐波产生对驱动光场偏振度的高度依赖性，通过产生偏振度随时间变化的驱动光场以使仅在偏振度较高的光场时间内产生较明显的高次谐波现象。如果控制此特定光场的时间宽度小于高次谐波脉冲的产生周期，那么可实现在整个光脉冲光场范围内产生单阿秒脉冲的结果。此方法的核心是产生偏振特性随时间变化的驱动激光脉冲。这个特定光场时间又称为选通时间。目前国际上常采用具有一定时间延迟 T_{d} 的一对左旋、右旋圆偏光合成此类驱动光脉冲，如图 5.19 所示。

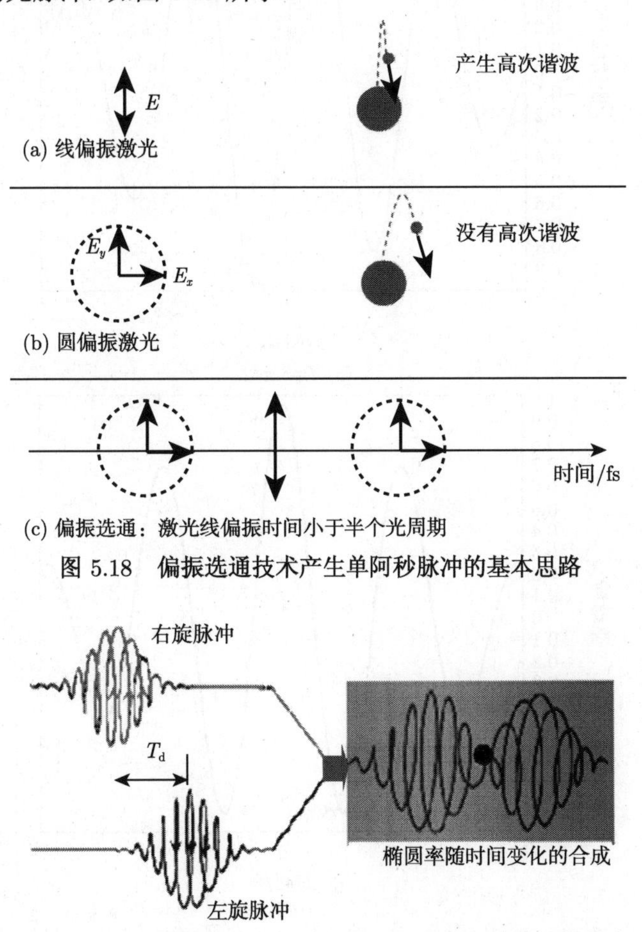

图 5.18 偏振选通技术产生单阿秒脉冲的基本思路

图 5.19 偏振选通技术中偏振特性随时间变化驱动脉冲场的合成

对于振幅选通技术，驱动脉冲最强光场和其他峰值光场的相对值决定着阿秒脉冲的宽度。这里设线偏振驱动脉冲光场为 $E(t)=E_0[\mathrm{e}^{-2\ln 2(t/\tau_{\mathrm{p}})^2}]\cos(\omega_{\mathrm{L}}t+\phi_{\mathrm{CE}})x$，式中，$E_0$ 为光场振幅，ω_{L} 是激光载波频率，τ_{p} 为光脉冲宽度 (光强半峰值全宽，full width at half maximum, FWHM)，ϕ_{CE} 为脉冲光场载波–包络相位。在不影响分析结果的情况下，本小节讨论中设光载波周期为 2.5fs，光脉冲宽度为 5fs，光场振幅为 1 个电场单位，强场高次谐波产生的临界光场为 0.9 个电场单位。对于图 5.20(a)

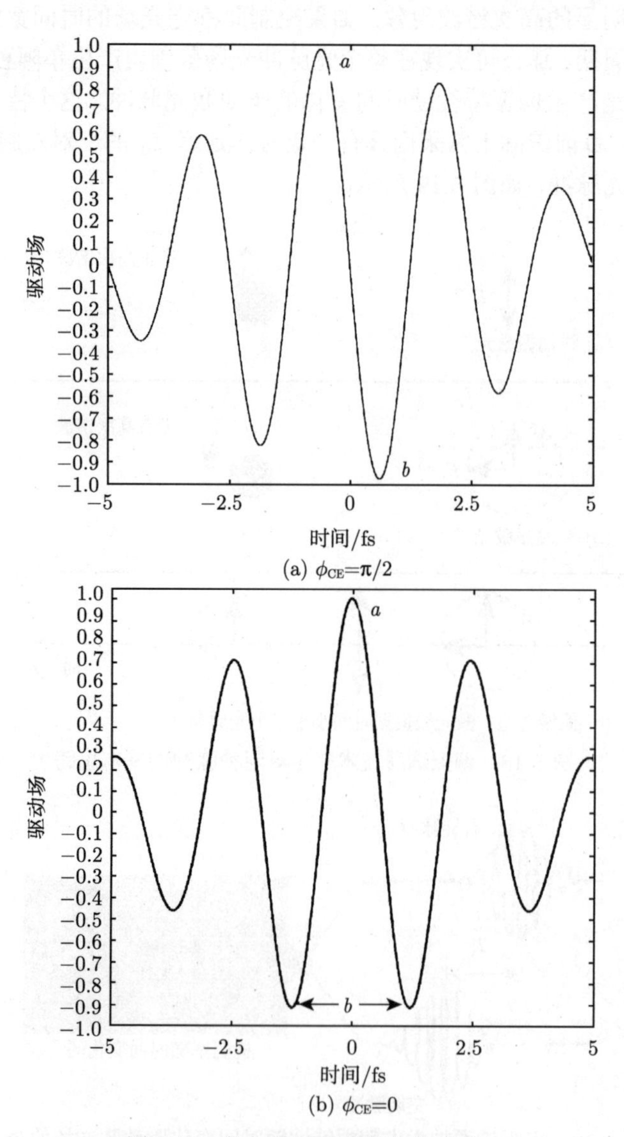

(a) $\phi_{\mathrm{CE}}=\pi/2$

(b) $\phi_{\mathrm{CE}}=0$

图 5.20　振幅选通技术相位依赖性

所示 $\phi_{\mathrm{CE}}=\pi/2$ 的情况，驱动脉冲光场在两个时刻均具有大于临界光场的峰值光场，图中分别标记为 a、b。由振幅选通技术原理可知，此种相位设置的单个驱动脉冲将通过高次谐波过程产生两个阿秒光脉冲，且这两个阿秒光脉冲在产生时间上相差半个驱动场周期。而当载波–包络相位由 π/2 向 0 变化时，由脉冲光场描述式可知，$\phi_{\mathrm{CE}}=\pi/2$ 时存在的两个时刻光场都具有相等最大振幅的情形被改变，光场将仅在某一时刻出现最大振幅，且随着载波–包络相位的减小，此最大光场振幅和与之最邻近光场振幅的差别将越大。如图 5.20(b) 所示，$\phi_{\mathrm{CE}}=0$ 时光场振幅相对值达到最大，此时将只有光场峰值 a 具备产生高次谐波阿秒脉冲的条件。因此，在用线偏振光产生单阿秒脉冲的振幅选技术中，驱动光场载波–包络相位的最优设置应为 $\phi_{\mathrm{CE}}=0$。

如前所述，偏振选通技术涉及偏振度随时间变化光脉冲场的合成。这里设时间间隔为 T_{d} 的左旋和右旋圆偏脉冲光场分别为

$$E_{\mathrm{LC}}(t)=E_0\left[\exp\left(-2\frac{(t-T_{\mathrm{d}}/2)^2}{\tau_{\mathrm{p}}^2}\ln 2\right)\right][\cos(\omega_{\mathrm{L}}t+\phi_{\mathrm{CE}})x+\sin(\omega_{\mathrm{L}}t+\phi_{\mathrm{CE}})y] \tag{5.28}$$

$$E_{\mathrm{RC}}(t)=E_0\left[\exp\left(-2\frac{(t+T_{\mathrm{d}}/2)^2}{\tau_{\mathrm{p}}^2}\ln 2\right)\right][\cos(\omega_{\mathrm{L}}t+\phi_{\mathrm{CE}})x-\sin(\omega_{\mathrm{L}}t+\phi_{\mathrm{CE}})y] \tag{5.29}$$

则合成光场及其椭圆率分别为

$$\begin{aligned}E_{\mathrm{C}}(t)=&E_{\mathrm{RC}}(t)+E_{\mathrm{LC}}(t)\\=&E_0\left[\exp\left(-2\frac{(t+T_{\mathrm{d}}/2)^2}{\tau_{\mathrm{p}}^2}\ln 2\right)+\exp\left(-2\frac{(t-T_{\mathrm{d}}/2)^2}{\tau_{\mathrm{p}}^2}\ln 2\right)\right]\cos(\omega_{\mathrm{L}}t+\phi_{\mathrm{CE}})x\\&+E_0\left[\exp\left(-2\frac{(t-T_{\mathrm{d}}/2)^2}{\tau_{\mathrm{p}}^2}\ln 2\right)-\exp\left(-2\frac{(t+T_{\mathrm{d}}/2)^2}{\tau_{\mathrm{p}}^2}\ln 2\right)\right]\\&\sin(\omega_{\mathrm{L}}t+\phi_{\mathrm{CE}})y\end{aligned} \tag{5.30}$$

$$\xi(t)=\frac{\left|1-\exp\left(-4(T_{\mathrm{d}}/\tau_{\mathrm{p}}^2)t\ln 2\right)\right|}{\left|1+\exp\left(-4(T_{\mathrm{d}}/\tau_{\mathrm{p}}^2)t\ln 2\right)\right|} \tag{5.31}$$

上述各式中的相关参量意义同前。理论分析结果说明，当驱动光偏振椭圆率从 0 增加到 0.2 时，高次谐波强度将有一个数量级的减弱，因此高次谐波产生过程的临界偏振椭圆率常设为 0.2。对于给定的临界偏振椭圆率，通过式 (5.31) 可求得能够产生显著高次谐波现象的准线偏振光场时间区域，即选通时间 T_{G}。下面的分析中取 $T_{\mathrm{d}}=5\mathrm{fs}$。

偏振选通技术在 $\phi_{\mathrm{CE}}=0$ 条件下的驱动光场及准线偏振光区域如图 5.21 所示 [51,52]。此时在时间上有两次谐波脉冲产生过程，对于高次谐波产生过程 a，其电子隧穿电离发生在准线偏振光区域之外，而电子与母核的重新结合发生在准线偏振光区域之中；过程 b 中则正好相反——电子隧穿电离发生在准线偏振光区域之中，而电子与母核的重新结合发生在准线偏振光区域之外。当载波–包络相位由 0 向 0.5π 变化，如图 5.22(a) 中的 3π/8 时，这两次谐波脉冲产生过程将受到完全不同的影响：对于过程 a，虽然此时其电子与母核的重新结合仍然发生在准线偏振光区域之中，但由于其遂穿电离将发生在距离准线偏振光区域更远的时间点，这里椭圆率更大的光场势必将减小电子与母核重新结合的可能性，这将直接导致高次谐波强度的减弱。因此这个过程的高次谐波产生将受到抑制。而对于过程 b，此时其遂穿电离仍然发生在准线偏振光区域之中，但由于电子与母核的重新结合发生在距离准线偏振光区域更近的时间点，这里椭圆率更小的光场势必将增大电子与母核重新结合的可能性，这将直接导致高次谐波强度的增强。因此这个过程的高次谐波产生将得到增强。当 $\phi_{\mathrm{CE}}=\pi/2$ 时，过程 b 中的谐波脉冲产生过程——电子遂穿电离、电子在光场中的运动以及电子与母核的重新结合都近似发生在此准线偏振光区域中，会使这个过程的增强效果达到最大值；而过程 a 则受到最大程度的抑制。其最终结果是驱动脉冲光场在选通时间内产生单个阿秒光脉冲，如图 5.22(b) 所示。因此对于偏振选通技术而言，其最优的驱动光场载波–包络相位是 $\phi_{\mathrm{CE}}=\pi/2$。这里特别说明的是，所述两个脉冲产生过程的差异最终决定着谐波脉冲强度。

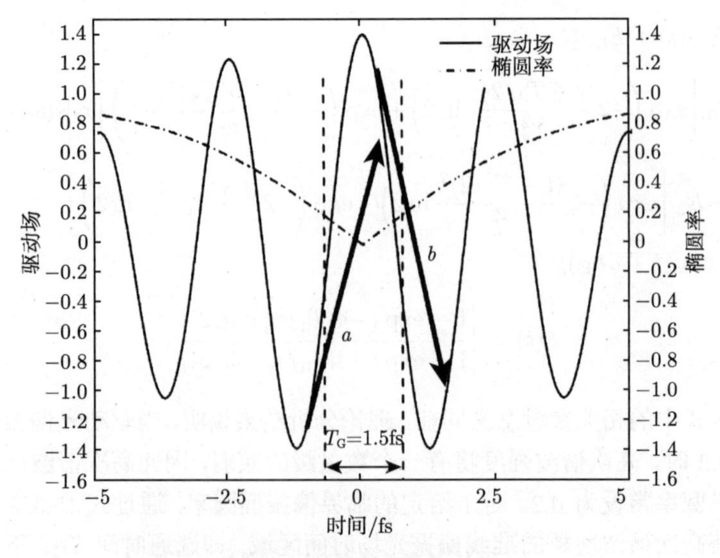

图 5.21　偏振选通技术的相位依赖性 (ϕ_{CE}=0)

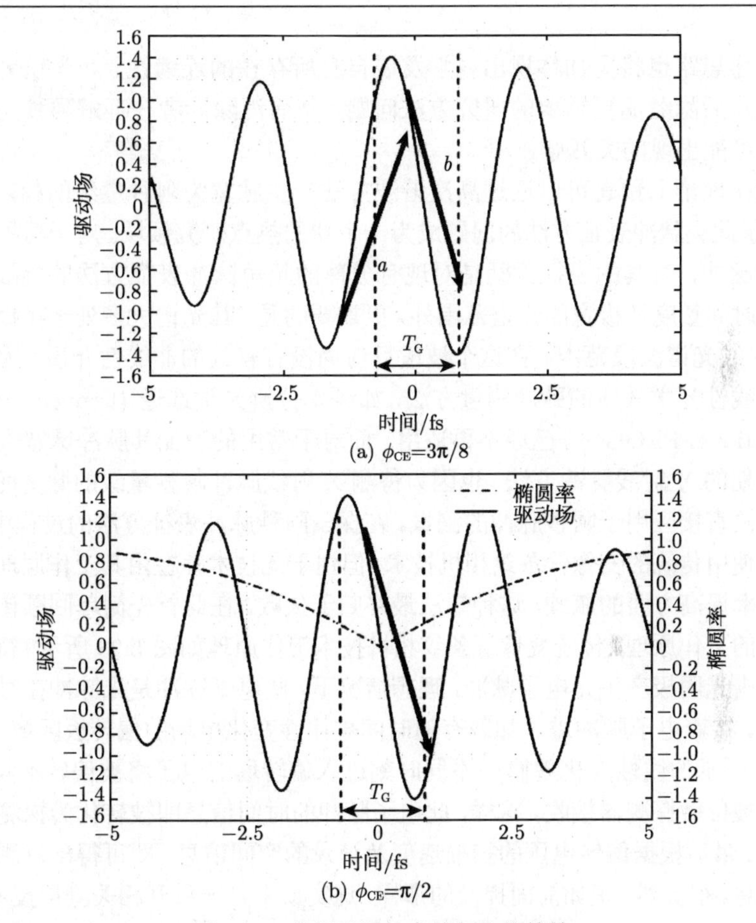

(a) $\phi_{CE}=3\pi/8$

(b) $\phi_{CE}=\pi/2$

图 5.22 偏振选通技术的相位依赖性

以上分析了振幅选通技术与偏振选通技术在驱动场最佳载波–包络相位设置方面的差异。同时，整个分析过程也说明了这种差异的根本原因：振幅选通技术采用的是线偏振激光场，偏振选通技术则采用偏振度随时间变化的驱动光场，而高次谐波产生过程与驱动光场的偏振特性密切相关，且仅在偏振度较高的光场部分发生较明显的高次谐波产生现象。正是这个原因使这两种单阿秒脉冲技术在最佳相位设置方面出现了差异。

5.3.2 阿秒脉冲的测量

下面将阐述阿秒脉冲表征方法的问题，论述的思路如下。简单回顾从变像管条纹相机到原子条纹相机直至阿秒光脉冲测量技术的变迁过程中，条纹相机测量技术在提高测量时间分辨率方面涵盖的物理机制方面的创新，从互相关测量技术的角度将三者统一起来从而更加直观地说明阿秒光脉冲测量技术的工作原理。同时，这样的论述思路也将更加体现出科学发展自身所存在的连续性、科学研究发展的脉络及其背后隐藏的更重要的研究方法问题，从而消除读者在理解阿秒光脉冲测量原理时可能出现的突兀感。

自从在理论上预言可以通过高次谐波方法产生脉宽为阿秒量级的超短光脉冲以来，关于此类脉冲表征方法的问题成为一个新的热点研究领域。对于阿秒脉冲群和单阿秒脉冲，对其的表征无疑是对现有成熟的超短脉冲表征方法的挑战。除了其超短的时间量度及极宽的光谱范围外，更重要的是，其光谱大多处于在极紫外甚至软 X 射线光谱波段范围。在这个波段目前尚没有有效的非线性介质，因此常用的基于非线性光学效应的脉冲测量方法，如频率分辨光学选通 (frequency-resolved optical gationg, FROG) 等已经不再适用。而对于常用的表征其脉冲脉宽大于背景激光场周期的 X 射线脉冲方法，也因为待测 X 射线脉冲阿秒量级的脉宽而使这种方法不能被直接应用于阿秒脉冲的测量。在探索阿秒脉冲表征方法的过程中，人们也曾尝试使用传统的变像管条纹相机技术，但由于此技术存在由其工作原理决定的时间分辨率提高方面的瓶颈，这种想法最终归于失败。在此首先简单回顾传统条纹相机技术的工作原理。传统变像管条纹相机技术工作原理如图 5.23 所示。待表征的光脉冲撞击光阴极产生光电子脉冲，理想情况下，此电子脉冲是光脉冲在时间上很好的再现。接着电子脉冲进入加载有随时间规律性变化电场的偏转板区域 (一般是图 5.23 中所示的线性变化规律)，不同时刻进入偏转场的电子将被偏转不同的横向位移从而被位敏探测器接收。这样，此电子脉冲的时间信息即被转化为探测器上的空间信息。最后根据偏转电压的扫描速度及记录的空间信息，即可得出待测光脉冲的脉宽信息。很显然，正如前面提及的那样，这实质上是一种互相关测量技术。根据

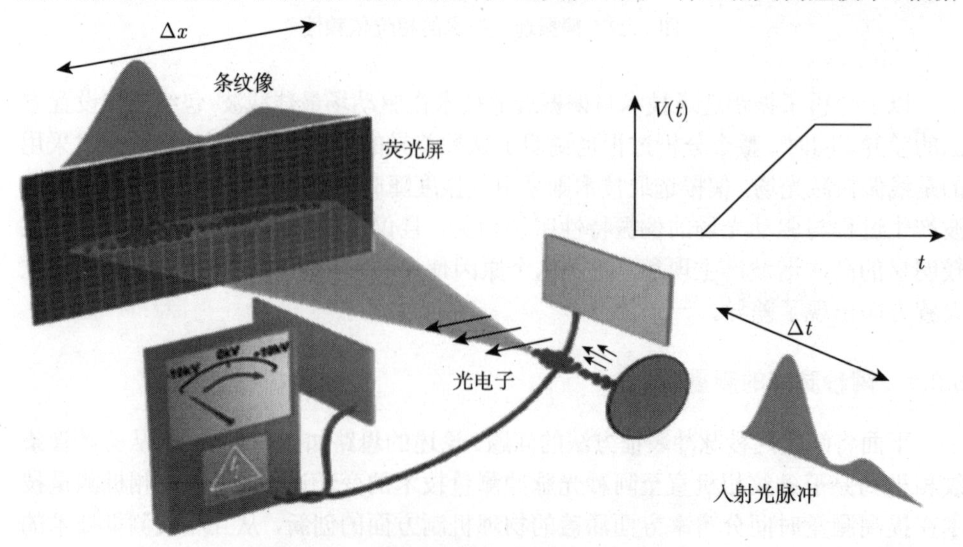

图 5.23 变像管条纹相机技术工作原理图

前面对其工作原理的描述可知，影响传统变像管条纹相机测量技术时间分辨率的主要因素如下：①光阴极发射电子脉冲的能量弥散，这个能量弥散由光阴极的响应特性决定，虽然只有零点几电子伏，但对于常用的光阴极是不可能完全消除的；②扫描偏转电压的参数——启动响应上升时间，约为纳秒或亚纳秒量级；③电子脉冲在从光阴极向探测器传播过程中的时间弥散。实际上，除了第 4 章提及的关于变像管条纹相机的优化措施以外，人们在消除限制条纹相机测量技术时间分辨率的这三个主要因素方面已经做了大量的测量机制上的创新优化工作 [53]。下面将依次简单介绍。

在降低扫描偏转电压的启动响应上升时间方面，Guidi 等 [54] 在 1995 年提出以射频偏转磁场代替常用的载有随时间变化电压的偏转板偏转场，其工作原理如图 5.24 所示。此射频偏转磁场的大小不变而其方向以由射频腔决定的频率旋转。对于几吉赫兹的射频腔频率，偏振用磁场的周期在几百皮秒量级。很显然，这样的射频偏转磁场的响应上升时间在亚纳秒量级。但由于其仍然采用传统变像管条纹相机的结构设置，其他影响时间分辨率因素的存在，使射频磁偏转变像管条纹相机相比传统变像管条纹相机并没有质的飞跃，其所达到的较高时间分辨率也仅在 100fs 左右。

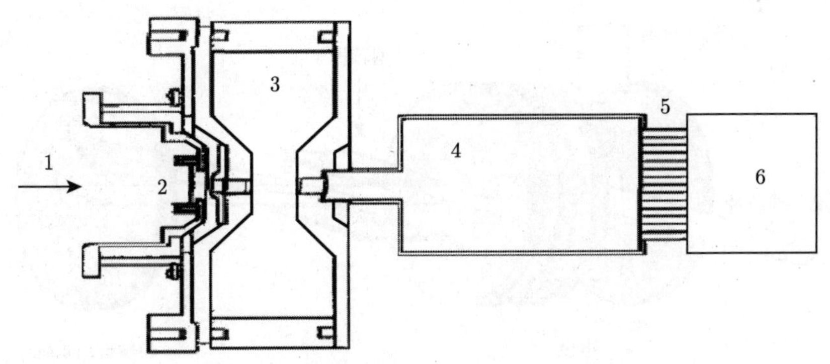

图 5.24 射频磁偏转变像管条纹相机工作原理图

1-光脉冲；2-光阴极；3-射频腔；4-电子漂移区；5-微通道板；6-CCD 相机

在降低光阴极发射电子脉冲能量弥散方面，光阴极固有的光谱响应特性决定了这样的优化工作总是针对某一个特定的光谱波段范围。在 200~800nm 的可见光谱范围，具有高量子转换效率和低能量弥散的各种荧光物质已是首要的选择；而在光子能量大于 100eV 的 X 射线光谱区，各种金属阴极，如 CsI 和 KBR，虽然具有较大的固有光电子发射能量弥散，但其高达 100kV/cm 的可承受电场工作特性使其可以在变像管中采用较高的阴极前加速场，以此来达到降低时间弥散的目的。而在近红外到远红外光谱区以及极紫外光谱区，人们通过机制上的创新采用气态原子作为电子发射器以降低电子发射时的能量弥散，此即为原子条纹相机技术 [55]，其工作原理如图 5.25 与图 5.26 所示。对于图 5.25 中 K 原子所用的激发态以及图 5.26 中惰性气体 Ne 原子所用的基态，其较窄的能级结构使其在发射电子时具有较小的能量弥散。但由图 5.25 和图 5.26 可知，原子条纹相机测量技术仍然是通过将时间上的信息转化为空间信息而达到测量目的的，其相对传统变像管条纹相机在结构设置上仍然没有测量机制上的创新与飞跃。

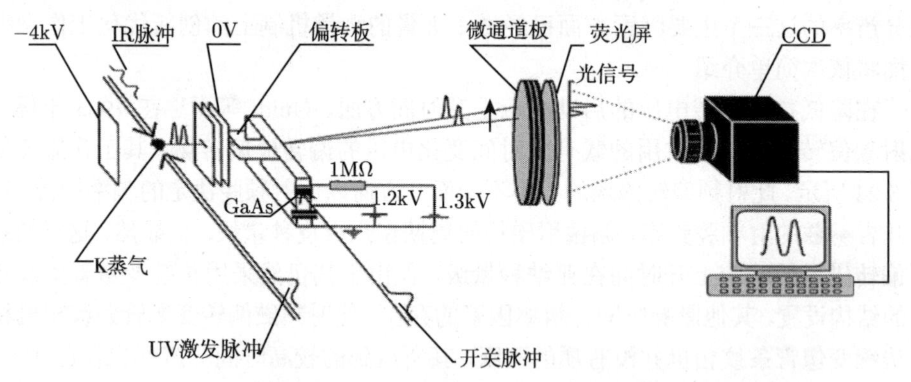

图 5.25　光谱响应范围在近红外到远红外的原子条纹相机工作原理图

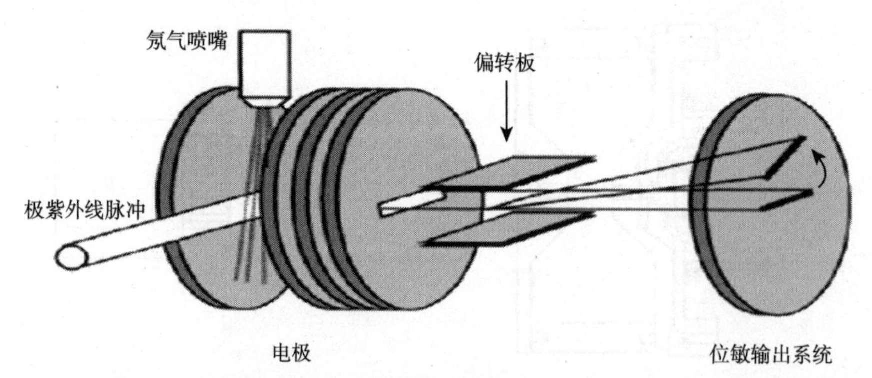

图 5.26　光谱响应范围在极紫外光谱的原子条纹相机工作原理图

1997 年，Constant 等 [56] 在克服传统条纹相机技术分辨率瓶颈方面做出了重大的突破。其创新性物理思想如下：通过双色场电离机制将待测光脉冲的时间信息转化为电子脉冲在能量空间的信息。其具体优化措施如下：①为了抑制传统变像管条纹相机光阴极固有的电子发射能量弥散，用惰性气体原子作为电子源，电子的产生是通过待测极紫外阿秒脉冲电离此气体原子而得到的；②用强低频背景光电场代替传统的偏转场以提高调制灵敏度，背景光场的上升时间约为飞秒量级，如对于常用的 800nm 激光场，其周期为 2.7fs；③电子脉冲的产生及能量的调制都在此强低频光电场中，因此变像管条纹相机技术中，电子渡越过程产生的额外时间弥散在这里得到了很好的抑制。因其与传统变像管条纹相机技术具有相似性，该技术称为阿秒条纹相机，其技术原理如图 5.27 所示。

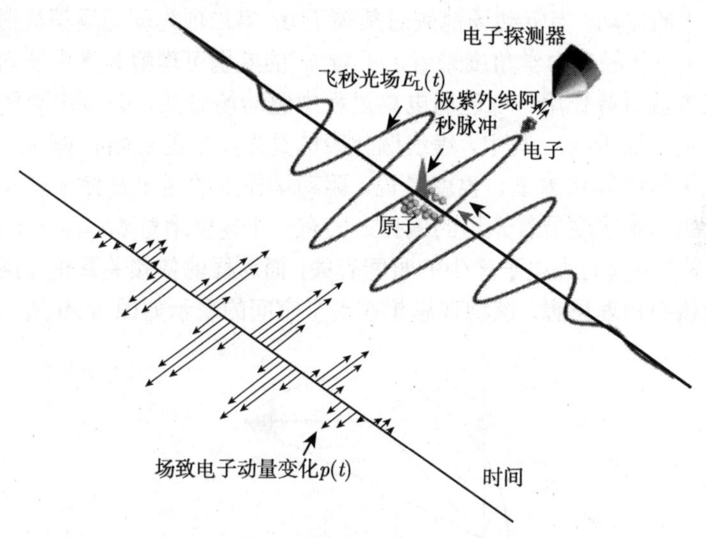

图 5.27 阿秒条纹相机技术原理图

阿秒光脉冲测量技术的基本物理思想是 [57]：待表征的阿秒光脉冲在另一强低频光场中通过单光子电离而电离目标气体 (通常是惰性气体)，在没有能级之间共振跃迁的条件下，此电离过程将产生一个与待测阿秒光脉冲时间宽度一样的电子脉冲。这个过程可以认为是瞬时的，强低频光场常称为驱动场。电子一旦产生立即受到驱动场光电场的作用，这种作用将改变光电子脉冲的初始能量分布，而背景光场较强的电场强度以及其与待测阿秒脉冲在频率上的较大差异，使此光电子脉冲动量或者能量的改变仅与光电子产生时刻的驱动场有关。通过这样的依赖关系，可根据不同时刻电子的二维能谱分布推测出待测阿秒脉冲的包络，即脉冲宽度，以及背景光场的电场。设待测阿秒脉冲的中心频率为 Ω_X、驱动场的频率为 ω_L。由前面提及的高次谐波产生的机理可以看出，一般地，这两个频率存在较大的差别。正是基于频率方面的差异，可以将阿秒光脉冲测量技术中涉及的双色场原子电离过程分为两个步骤：①待测阿秒脉冲通过单光子电离原子而产生光电子；②光电子在驱动场中运动。设原子的电离势为 I_p，则光电子的初始动能 $W_0 = m_e v_0^2/2 = \hbar\Omega_X - I_p$。如果驱动场和待测阿秒脉冲分别满足条件 $U_p \gg \hbar\omega_L$ 与 $\hbar\Omega_X \gg I_p$，对于在 $t = t_i$ 时刻产生于 $E_L(t) = E_0(t)\cos(\omega_L t + \phi)x$ 偏振驱动场中的光电子，其速度 $v(t)$ 可根据经典力学的方法求得

$$v(t) = -\frac{e}{m_e}A(t) + \left[v_0 + \frac{e}{m_e}A(t_i)\right] \tag{5.32}$$

且 $E_{\mathrm{L}}(t)=-\partial A/\partial t$，$A$ 是电场矢量势。其中，条件 $U_{\mathrm{p}}\gg\hbar\omega_{\mathrm{L}}$ 意味着电子在光场中的周期平均振动能要远大于光场本身光子的能量。式 (5.32) 右边第一项代表电子在驱动场中的振动，当驱动场消失时其趋于 0；第二项为驱动场消失时电子最终的漂移速度 v_{f}。从经典力学角度来看，v_{f} 与 v_0 的差别可理解为光电子对驱动场光子的吸收或者散射等作用。双色场电离过程中驱动场对某一时刻电离的光电子的调制作用如图 5.28 所示。其中，虚线圆代表的是光电子的初始状态 v_0，实线圆代表的是光电子的漂移状态 v_{f}。也就是说，驱动场作用的结果是使 $t=t_i$ 时刻产生的所有电子的初始速度沿着光场的偏振方向有一个速度增量 $\delta v=-eA(t_i)/m_{\mathrm{e}}$。显然，这个速度增量仅与光电子产生的时间有关，而这样的依赖关系正是阿秒光脉冲测量技术的核心物理思想。该物理思想在动量空间的表示如图 5.29 所示。

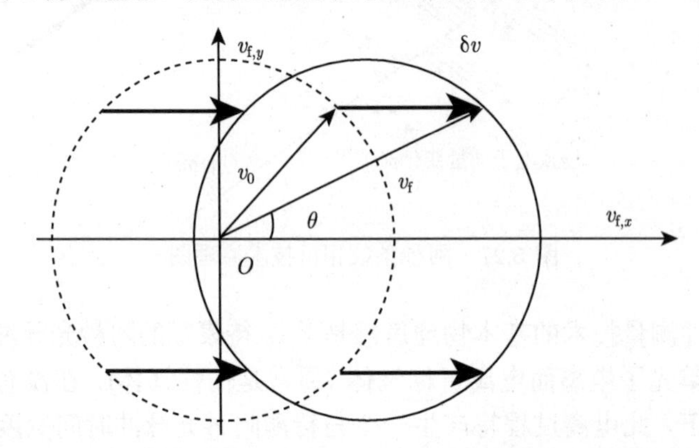

图 5.28　双色场电离过程中驱动场对某一时刻电离的光电子的速度调制

从理论分析角度，此测量技术的第一步是极紫外阿秒光脉冲电离原子。以下采用原子单位制。采用强场近似 (或一阶微扰理论)，电子从基态跃迁到动量为 v 的连续态的跃迁幅度 a_v 可表示为

$$a_v=-\mathrm{i}\int_{-\infty}^{\infty}\mathrm{d}t d_v E_X(t)\exp[\mathrm{i}(W+I_{\mathrm{p}})t] \tag{5.33}$$

式中，$E_X(t)$ 是极紫外阿秒脉冲的光电场；d_v 是从基态到动量为 v 的连续态的偶极矩跃迁矩阵元素；$W=v^2/2$ 为电子动能；I_{p} 是原子的电离势。由式 (5.33) 可知，在远离共振跃迁的情况下，电离的光电子谱在强度和相位方面都直接与阿秒光场的频谱相关。当此电离过程处于一个强低频光场环境中时，可以考虑如下 3 个近似。

(1) 单电子响应近似。原子可视为一类 H 系统，多级电离可以忽略。

(2) 强场近似。处于连续态的电子可视为自由电子，库仑势的影响可以忽略而仅考虑低频光电场的影响。

(3) 仅考虑基态和连续态，其他束缚态对原子系统演化的贡献可以忽略。

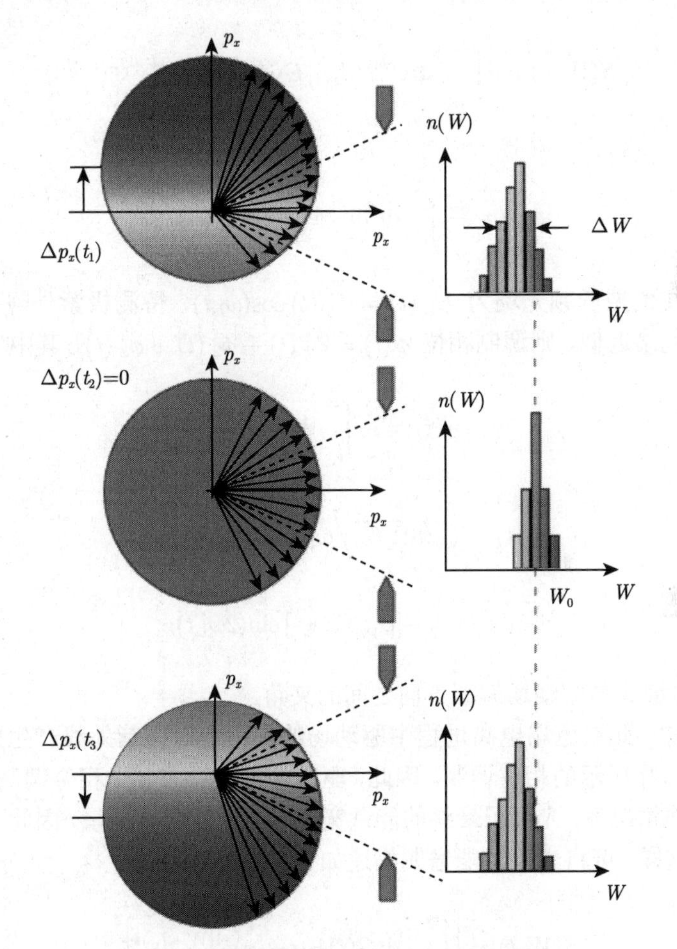

图 5.29 阿秒条纹相机技术在动量空间的表示

对于具有时间延迟 τ 的极紫外线光场和强低频场，采用上述 3 个近似求解薛定谔方程可以得到此时电子从基态向动量为 v 的连续态的跃迁幅度 $a_v(\tau)$ 为

$$a_v(\tau) = -\mathrm{i}\int_{-\infty}^{\infty} \mathrm{d}t d_{p(t)} E_X(t-\tau)\mathrm{e}^{\mathrm{i}[p(t)^2/2+I_\mathrm{p}]t} \tag{5.34}$$

式中，$p(t) = v + A(t)$ 是光电子在驱动场中的瞬时动量；$d_{p(t)}$ 是电子从基态到动量为 $p(t)$ 的连续态的偶极矩跃迁矩阵元素。

$$a_v(\tau) = -\mathrm{i}\int_{-\infty}^{\infty} \mathrm{d}t\mathrm{e}^{\mathrm{i}\phi(t)} d_{p(t)} E_X(t-\tau)\mathrm{e}^{\mathrm{i}(W+I_\mathrm{p})t} \tag{5.35}$$

则电子最终的能谱为

$$S(W,\tau) = \left|\int_{-\infty}^{\infty} \mathrm{d}t \mathrm{e}^{\mathrm{i}\phi(t)} d_{p(t)} E_X(t-\tau) \mathrm{e}^{\mathrm{i}(W+I_\mathrm{p})t}\right|^2 \tag{5.36}$$

其中

$$\phi(t) = -\int_t^{\infty} \mathrm{d}t' [v \cdot A(t') + A^2(t')/2] \tag{5.37}$$

假设此线偏振低频光场为 $E_\mathrm{L}(t) = E_0(t)\cos(\omega_\mathrm{L} t)$，待测极紫外阿秒光脉冲可以采用慢变包络近似，则调制相位 $\phi(t) = \phi_1(t) + \phi_2(t) + \phi_3(t)$，其中

$$\phi_1(t) = -\int_t^{\infty} \mathrm{d}t' U_\mathrm{p}(t') \tag{5.38}$$

$$\phi_2(t) = (\sqrt{8WU_\mathrm{p}} \big/ \omega_\mathrm{L}) \cos\theta \cos(\omega_\mathrm{L} t) \tag{5.39}$$

$$\phi_3(t) = -[U_\mathrm{p}/(2\omega_\mathrm{L})] \sin(2\omega_\mathrm{L} t) \tag{5.40}$$

式中，θ 是动量 p 与驱动场偏振方向之间的夹角。

综上可知，此双色场电离过程中驱动场的作用是对极紫外线产生的电子波包进行如式 (5.37) 所示的相位调制。因此，驱动场可以看成一个相位调制器。在实际的双色场电离情况下，光电子最终的能量宽度远小于其中心能量，因此可以将 $d_{p(t)}$ 视为常量。这样，可将光电子能谱图描述如下：

$$S(W,t) = \left|\int_{-\infty}^{\infty} \mathrm{d}t G(t) E(t-\tau) \mathrm{e}^{\mathrm{i}(W+I_\mathrm{p})t}\right|^2 \tag{5.41}$$

式中，$G(t) = \mathrm{e}^{\mathrm{i}\phi(t)}$。很显然，通过改变不同的时间延迟 τ 即可得到二维电子能谱图，如图 5.30 所示。通过对比 FROG 扫描图可知，以上所得的二维能谱图正是 FROG 扫描图。这样，通过运用 FROG 中常用的迭代算法，如 PCGPA，便可以求出待测阿秒脉冲的强度及相位信息以及此低频光场的电场变化信息。正是基于算法上的相似性，将这种从二维能量分布图求得待测阿秒脉冲宽度的方法称为 FROG-CRAB(frequency-resolved optical gating for complete reconstruction of attosecond bursts)[14]，此二维能谱图称为 CRAB 扫描图。另外，已有的实验及分析结果表明，要想从此 CRAB 扫描图中准确地求得待测脉冲的信息，需要有较大的相位调制，这也正是实际中选择强度较高的低频光场的原因。

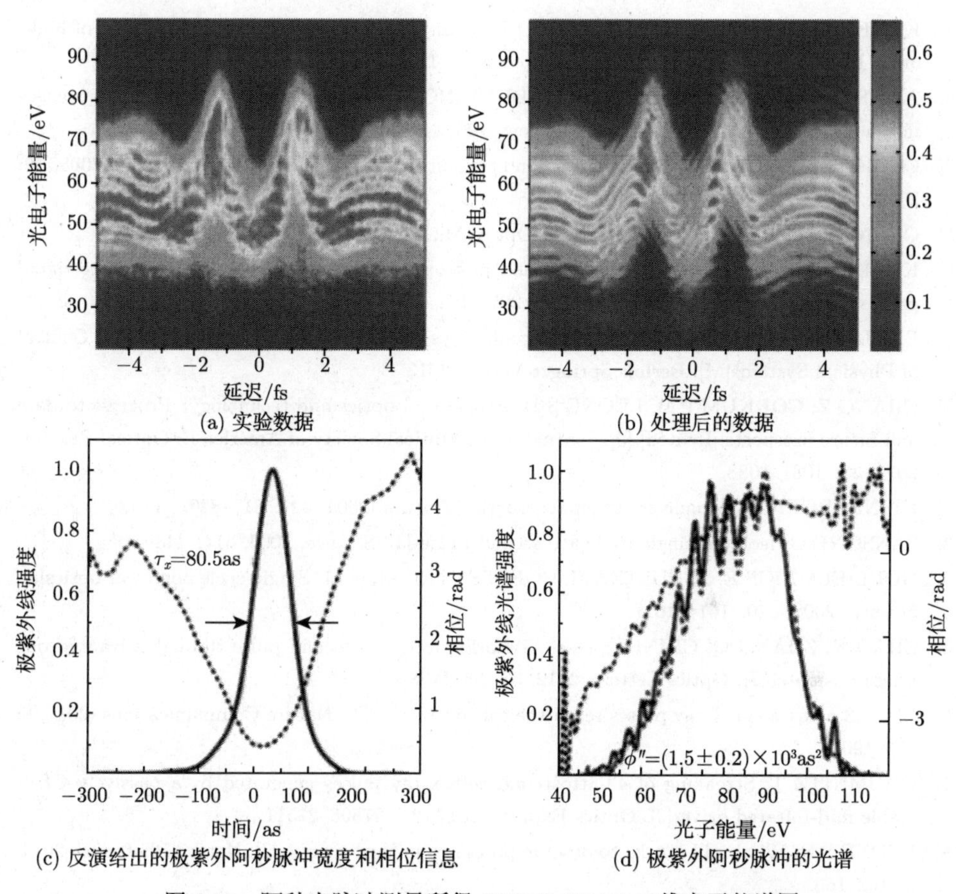

图 5.30 阿秒光脉冲测量所得 FROG-CRAB 二维电子能谱图

通过以上理论分析可以看出，在阿秒光脉冲测量技术中，低频强光场的作用实质是将产生的阿秒光电子脉冲的时间信息 (也就是待测的极紫外线脉冲的时间信息) 映射为光电子最终的能量分布信息；而在具有亚皮秒量级精度的条纹相机脉冲测量技术中，待测脉冲的时间信息通过偏转电场映射为光电子在荧光屏上的空间分布信息。当然，它们本质上都属于互相关测量技术的范畴。

参 考 文 献

[1] KRAUSZ F, IVANOV M. Attosecond physics[J]. Reviews of Modern Physics, 2009, 81: 163–185.

[2] HENTSCHEL M. Attosecond metrology[J]. Nature, 2001,414: 509–512.

[3] BRABEC T, KRAUSZ F. Intense few-cycle laser fields: Frontiers of nonlinear optics[J]. Reviews of Modern Physics, 2000, 72: 545–549.

[4] CORKUM P B. Plasma perspective on strong-field multiphoton ionization[J]. Physical Review Letters, 1993, 71(13): 1994–1998.

[5] KAKEHATA M, TAKADA H, YUMOTO H, et al. Anomalous ellipticity dependence of high-order harmonic generation[J]. Physical Review A, 1997, 55(2):R861–R864.

[6] ARMSTRONG J, BLOEMBERGEN N, DUCUING J, et al. Interactions between light waves in a nonlinear dielectric[J]. Physical Review, 1962, 127(6):1918–1939.

[7] CORKUM P B, CHANG Z. The attosecond revolution[J].Optics and Photonics News,2008, 19: 25–31.

[8] CHANG Z. Fundamental of Attosecond Optics[M]. New York: CRC Press, 2011.

[9] KRAUSZ F, STOCKMAN M I. Attosecond metrology: from electron capture to future signal processing[J]. Nature Photonics, 2014, 8: 205–208.

[10] PLAJA L, TORRES R, ZAIR A. Attosecond Physics: Attosecond Measurements and Control of Physical Systems[M]. Berlin: Springer-Verlag, 2013.

[11] CHANG Z, CORKUM P B, LEONE S R. Attosecond optics and technology: Progress to date and future prospects [Invited] [J]. Journal of the Optical Society of America B: Optical Physics, 2016, 33: 1081–1088.

[12] KIENBERGER R. Atomic transient recorder[J]. Nature, 2004, 427: 817–820.

[13] SANSONE G. Isolated single-cycle attosecond pulses[J]. Science, 2006, 314: 443–448.

[14] GOULIELMAKIS E, SCHULTZE M, HOFSTETTER M, et al. Single-cycle nonlinear optics[J]. Science, 2008, 320: 1614–1617.

[15] ZHAO K, ZHANG Q, CHINI M, et al. Tailoring a 67 attosecond pulse through advantageous phase-mismatch[J]. Optics Letters, 2012, 37: 3891–3893.

[16] LI J. 53-attosecond X-ray pulses reach the carbon K-edge[J]. Nature Communications, 2017, 8: 186–190.

[17] GAUMNITZ T. Streaking of 43-attosecond soft-X-ray pulses generated by a passively CEP-stable mid-infrared driver[J]. Optics Express, 2017, 25: 27506–27511.

[18] LEONE S R. What will it take to observe processes in 'real time'? [J]. Nature Photonics, 2014, 8: 162–166.

[19] DRESCHER M. Time-resolved atomic inner-shell spectroscopy[J]. Nature, 2002, 419: 803–806.

[20] GOULIELMAKIS E. Direct measurement of light waves[J]. Science, 2004, 305: 1267–1271.

[21] GOULIELMAKIS E. Attosecond control and measurement: Lightwave electronics[J]. Science, 2007, 317: 769–773.

[22] GOULIELMAKIS E. Real-time observation of valence electron motion[J]. Nature, 2010, 466: 739–742.

[23] OTT C. Reconstruction and control of a time-dependent two-electron wave packet[J]. Nature, 2014, 516: 347–351.

[24] SCHULTZE M. Attosecond band-gap dynamics in silicon[J]. Science, 2014, 346: 1348–1352.

[25] SCHIFFRIN A. Optical-field-induced current in dielectrics[J]. Nature, 2013, 493: 70–75.

[26] SCHULTZE M. Controlling dielectrics with the electric field of light[J]. Nature, 2013, 493: 75–79.

[27] MASHIKO H. Petahertz optical drive with wide-bandgap semiconductor[J]. Nature Physics, 2016, 12: 741–744.

[28] CAVALIERI A L. Attosecond spectroscopy in condensed matter[J]. Nature, 2007, 449: 1029–1034.

[29] BOVENSIEPEN U, PETEK H, WOLF M. Dynamics at Solid State Surfaces and Interfaces[M]. Weinheim: Wiley-VCH Verlag & Co. KGaA, 2010.

[30] BOVENSIEPEN U, PETEK H, WOLF M. Dynamics at Solid State Surfaces and Interfaces[M]. Weinheim: Wiley-VCH Verlag & Co. KGaA, 2012.

[31] https://eli-laser.eu/; http://lsl.postech.ac.kr/.

[32] KUMAR S. Temporally-coherent terawatt attosecond XFEL synchronized with a few cycle laser[J]. Scientific Report, 2016, 6: 27700–27705.

[33] http://ifast.ucf.edu/.

[34] ZHAN M. Generation and measurement of isolated 160-attosecond XUV laser pulses at 82eV[J]. Chinese Physics Letters, 2013, 30: 093201–093205.

[35] BREIDBACH J. Universal attosecond response to the removal of an electron[J]. Physical Review Letters, 2005, 94: 033901-1–033901-5.

[36] ECKLE P. Attosecond ionization and tunneling delay time measurements in helium[J]. Science, 2008, 322: 1525–1528.

[37] POLMAN A. Photovoltaic materials: Present efficiencies and future challenges[J]. Science, 2016, 352: 307–310.

[38] FERRARI F. High-energy isolated attosecond pulses generated by above-saturation few-cycle fields[J]. Nature Photonics, 2010, 4: 875–878.

[39] FENG X. Generation of isolated attosecond pulses with 20 to 28 femtosecond lasers[J]. Physical Review Letters, 2009, 103: 183901-1–183901-5.

[40] VINCENTI H, QUERE F. Attosecond lighthouses: How to use spatiotemporally coupled light fields to generate isolated attosecond pulses[J]. Physical Review Letters, 2012, 108: 113904.

[41] FATTAHI H. Third-generation femtosecond technology[J]. Optica, 2014, 1: 45–53.

[42] XUE B. Intense attosecond soft x-ray pulse by a high-energy three-channel waveform synthesizer[C]// 2017 Conference on Lasers and Electro-Optics (CLEO), San Jose, 2017: 1–2.

[43] FATTAHI H. Sub-cycle light transients for attosecond, X-ray, four-dimensional imaging[J]. Contemporary Physics, 2016, 57: 580–590.

[44] JIN C, HONG K, LIN C D. Optimal generation of high harmonics in the water-window region by synthesizing 800-nm and mid-infrared laser pulses[J]. Optics Letters, 2015, 40: 3754–3759.

[45] WEI P. Selective enhancement of a single harmonic emission in a driving laser field with subcycle waveform control[J]. Physical Review Letters, 2013, 110: 233903-1–233903-5.

[46] JIN C. Route to optimal generation of soft X-ray high harmonics with synthesized two-color laser pulses[J]. Scientific Report, 2014, 4: 7067–7070.

[47] JIN C. Waveforms for optimal sub-keV high-order harmonics with synthesized two- or three-colour laser fields[J]. Nature Communications, 2014, 4: 4003–4006.

[48] HUANG S W. High-energy pulse synthesis with sub-cycle waveform control for strong-field physics[J]. Nature Photonics, 2011, 5: 475–478.

[49] MARESSE Y, BOHAN A, FRASINSKI L, et al. Optimization of attosecond pulse generation[J]. Physical Review Letters, 2004, 93(16): 163901-1–163901-4

[50] TAKAHASHI E J. Attosecond nonlinear optics using gigawatt scale isolated attosecond pulses[J]. Nature Communications, 2013, 4: 2691–2698.

[51] 王超，刘虎林，田进寿，等. 极紫外阿秒脉冲产生过程的本征原子相位分析[J]. 激光技术，2012, 36(3): 342–345.

[52] 王超，康轶凡，田进寿，等. 两类单阿秒脉冲产生技术的相位依赖性分析[J]. 激光技术，2012, 36(4): 516–519.

[53] 王超，田进寿，康轶凡，等. 时间分辨条纹相机技术的发展及相关研究展望[J]. 真空科学与技术学报，2012, 32(7): 653–660.

[54] GUIDI V, NOVOKHATSKY A V. A proposal for a radio-frequency-based streak camera with time resolution less than 100fs[J] . Measurement Science and Technology, 1995, 6(11): 1555–1556.

[55] LANHHUIJZEN G M, NOORDAM L D. Atomic streak camera[J]. Optics Communications, 1996, 129(5): 361–368.

[56] CONSTANT E, TARANUKHIN V D, STOLOW A, et al. Methods for the measurement of the duration of high-harmonic pulses[J]. Physical Review A, 1997, 56(5): 3870–3878.

[57] ITATANI J, QUERE F, YUDIN G L, et al. Attosecond streak camera[J]. Physical Review Letters, 2002, 88(17): 173903-1–173903-4.

第6章 电子脉冲整形技术

时间分辨超快现象研究正在基础研究、高新技术研究等许多领域展开，以超短电子脉冲快速控制为基础的电子光学诊断技术成为重要的研究手段。超快电子衍射仪是此类技术的典型代表。在超快电子衍射仪中，光电阴极经由外光电效应而发射的电子脉冲被视为整个系统工作的核心，其脉冲宽度及单脉冲电子数等参数决定着超快电子衍射技术应用研究的广度和深度。产生脉宽在 100fs 左右甚至更短且单脉冲包含 $10^3 \sim 10^4$ 个电子的超短电子脉冲技术早已被提上日程，然而此类技术目前仍处于研究阶段未能进入工程应用中，其瓶颈主要是光电阴极发射光电子初始能量弥散和高浓度电子脉冲中显著的空间电荷效应，这两个因素会导致严重的电子脉冲展宽。例如，对于初始脉宽为 50fs，单脉冲电子数为 10000 的电子脉冲，在以 30keV 平均能量传输 10cm 的距离之后，其脉冲宽度达几皮秒量级。因此，自超快电子衍射技术出现以来，高亮度超短电子脉冲产生技术的研究一直处于此类技术相关研究的最前沿 [1−4]。有学者对电子枪系统电子脉冲展宽进行了大量的理论及实验研究，提出了各种电子脉冲脉宽压缩思路。

迄今为止，见诸报刊的超短电子脉冲产生方法大致分为两类：一类是采用静电场和 (或) 静磁场对电子脉冲进行时间域和 (或) 空间域内的调制 [5−10]。例如，基于电子脉冲展宽效应分析结果，采用新型电子光学结构电子枪设计 (如“S”形及“回”字形) 或引入电子脉冲展宽抑制电极等方法以达到压缩电子脉冲的目的。另一类是采用瞬态调制电场 [11−15]，对电子脉冲前后沿电子施以差别性调制以达到产生超短电子脉冲的目的，以及利用强激光场对电子脉冲的质动力学作用，从待调制电子脉冲中分离出阿秒量级的电子脉冲。以上方法在理论上甚至有些在工程研究中已被证实具有一定的可行性，但遗憾的是，这些方法或者因为其工程实施的可行性较小，或者因为不能满足超短电子脉冲诊断研究领域的相关要求而存在应用上的局限性。也正因此，电子脉冲时域整形技术的探索仍在继续。

6.1 离散空间电荷效应

源于带电粒子之间的固有库仑力作用，空间电荷效应一直是带电粒子光学中较为棘手的一个科学问题 [16−21]。对于瞬态空间电荷效应，严格计算应包含空间电荷本身产生的电场和磁场。但在本书研究背景下，运动电荷产生的磁场对其内部电子的作用比电场弱很多。为简化计算、降低计算量，计算中略去磁场影响而只考虑空间电荷产生的电场。当束电流足够强时，粒子束内部将产生一个具有统计平均意义的平滑分布的电场，这就是通常意义下的空间电荷电场。但是，带电粒子源是由分立的带电粒子组成的，即由于电荷的离散性，在单个粒子附近存在与上述宏观场有区别的微观局部电场。针对脉冲电子束的应用背景，电子源不再是连续可压缩的流管，而是一个在空间上分立的电子脉冲。传统的强流电子束中的流管模型不再适用，而是时间尺度在纳秒、皮秒甚至飞秒量级的脉冲。对此，本章拟采用天体物理中的多体相互作用模型 (图 6.1)。因为多体相互作用模型需同时考虑多个电子之间的相互作用，所以不能进行纯解析方法处理，只能采用数值模拟分析处理。虽然这样得不到用解析式表示的一般结果，但由于这种方法不仅能同时考虑多个电子之间的库仑相互作用，而且能针对复杂的几何形状以及和外电磁场的共同作用，比较接近电子束的物理实际，能够给出较为真实可靠的分析结果 [22−25]。

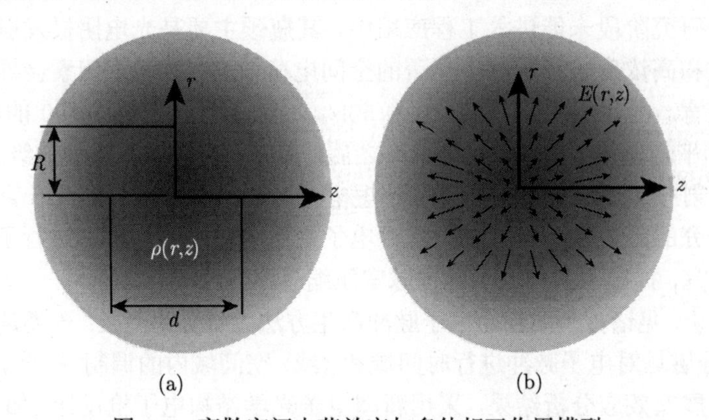

图 6.1　离散空间电荷效应与多体相互作用模型

电子源用一群电子模拟，给定这些电子随机的初始位置和速度分量分布。例如，要产生一个半径为 r_0，能量分布宽度为 E_σ 的高斯型圆形电子束斑的初始条件，其初始坐标及能量分布应满足：

$$p_1(x,y)=c_1\exp\left(-\frac{x^2+y^2}{2r_0^2}\right) \tag{6.1}$$

$$p_2(E)=c_2\exp\left[-\frac{(E-E_\mathrm{a})^2}{2E_\sigma^2}\right] \tag{6.2}$$

式中，E_a 为平均初始能量。利用均匀分布于 (0,1) 的随机数，即可产生要求的分布。

电子切片物理分析模型如图 6.2 所示，这里以在时域上矩形分布的圆柱状电子脉冲为例。采用合理近似——忽略电子脉冲传输过程中的横向束径尺寸延展，将电子脉冲沿横向划分为厚度为 dl 的电子切片。根据场叠加原理可求得此时电子脉冲

内建场轴上的电场分布为

$$
\begin{aligned}
E_{\text{local}}(z,\ t) =& \frac{\rho(t)}{2\varepsilon_{\text{v}}} \int_{-l(t)/2}^{z} \left[\frac{z-z'}{|z-z'|} - \frac{z-z'}{\sqrt{r_0^2+(z-z')^2}} \right] \mathrm{d}z' \\
& - \frac{\rho(t)}{2\varepsilon_{\text{v}}} \int_{z}^{l(t)/2} \left[\frac{z'-z}{|z'-z|} - \frac{z'-z}{\sqrt{r_0^2+(z-z')^2}} \right] \mathrm{d}z' \\
=& \frac{\rho(t)}{2\varepsilon_{\text{v}}} \left\{ 2z + \sqrt{r_0^2 + \left[z - \frac{l(t)}{2}\right]^2} - \sqrt{r_0^2 + \left[z + \frac{l(t)}{2}\right]^2} \right\}
\end{aligned} \tag{6.3}
$$

式中，r_0 为脉冲束径；$l(t)$ 为 t 时刻电子脉冲纵向长度；ε_{v} 为真空介电常数；$\rho(t) = -Ne/[\pi r_0^2 l(t)]$ 为电子脉冲空间电荷密度，N 为内部电子数。若所加轴向外场为 E_0，则电子脉冲展宽特性将由 E_0 与 $E_{\text{local}}(z,t)$ 的合成场决定。对于 E_0 为 0 的情况，初始动能为 0 的电子脉冲内部轴上电场分布如图 6.3 所示。

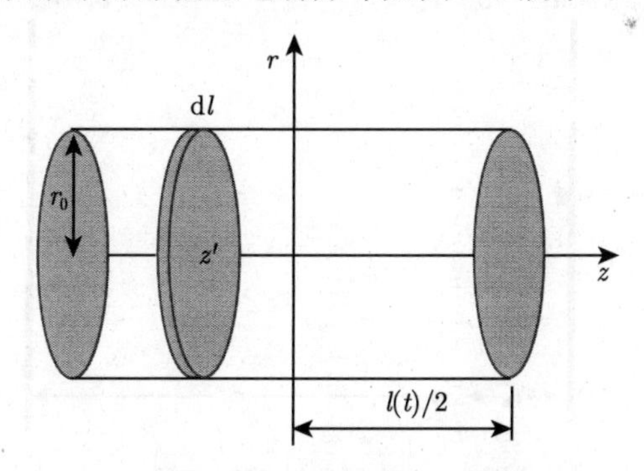

图 6.2 电子切片物理分析模型

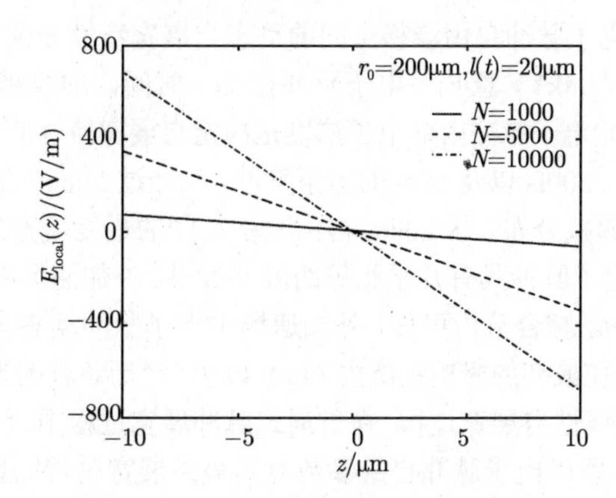

图 6.3 电子脉冲内部轴上电场分布

选定的脉冲渡越空间如图 6.4 所示，包括加速场区 (d_a) 和无场漂移空间 (d_t)。光电阴极设置为 0 电位，栅网为正电位 $U_a = V_{ap}$，目标平面处与栅网设置为等电位。为简单起见，假定电子脉冲为方形，初始能量弥散和脉冲宽度分别为 $\Delta\varepsilon_0$ 和 τ_0。那么电子脉冲的初始轴向长度为

$$l_0 = \frac{eU_a}{2m_e d_a}\tau_0^2 + \tau_0\sqrt{\frac{2\Delta\varepsilon_0}{m_e}} \tag{6.4}$$

则根据牛顿定律可得

$$\frac{d^2 l(t)}{dt^2} = \frac{Ne^2}{m_e \varepsilon_v \pi r_0^2}\left[1 - \frac{l(t)}{\sqrt{l(t)^2 + 4r_0^2}}\right] \tag{6.5}$$

式 (6.5) 即为电子脉冲离散空间电荷效应的描述方程。

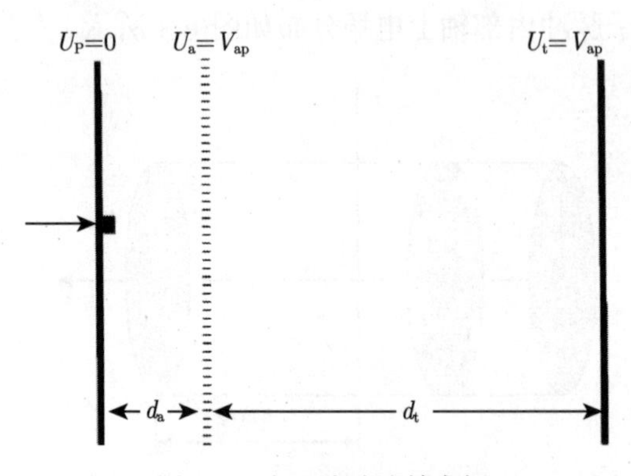

图 6.4　电子脉冲渡越空间

基于该模型的电子脉冲自由漂移空间的动态自展宽特性如图 6.5 所示。这里选定电子脉冲动能为 28.4kV，意味着电子脉冲在 1ns 时间内的渡越距离为 10cm。由图 6.5 还可看出，初始电子脉冲内部电子浓度是决定自展宽特性的重要因素：初始脉冲宽度分别为 500fs、300fs 以及 50fs 的电子脉冲，在经过 20cm 的自由漂移空间后，其最终脉冲宽度等递减分布。从 20cm 自由漂移空间的最终展宽效果考虑，50fs 和 1000fs 的初始宽度电子脉冲具有几乎相等的展宽效果。外加速场中电子脉冲的自展宽特性如图 6.6 所示。综合分析可知，外加速场中电子脉冲动态自展宽过程可分为两步：电子脉冲首先在最初的极短距离内 (1μm 以内) 经历急剧的雪崩式脉冲展宽过程，之后是缓慢的准线性自展宽过程。在雪崩式脉冲展宽过程中，因为过程发展的时间和空间都非常小，所以电子脉冲自身参数对其最终展宽过程的影响并不显著；相

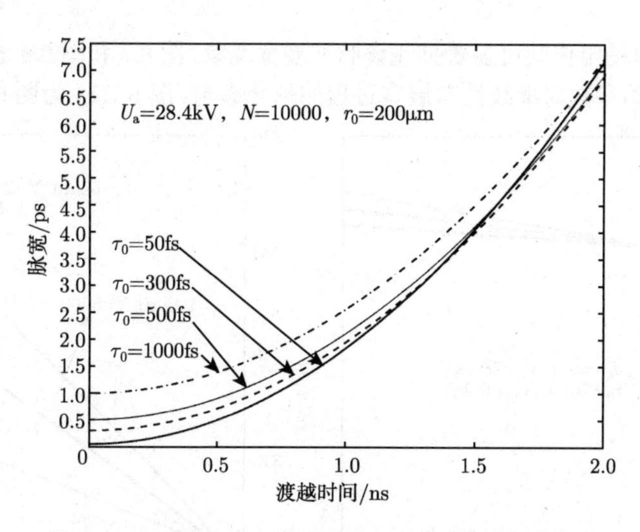

图 6.5 电子脉冲自由漂移空间电子的动态自展宽特性

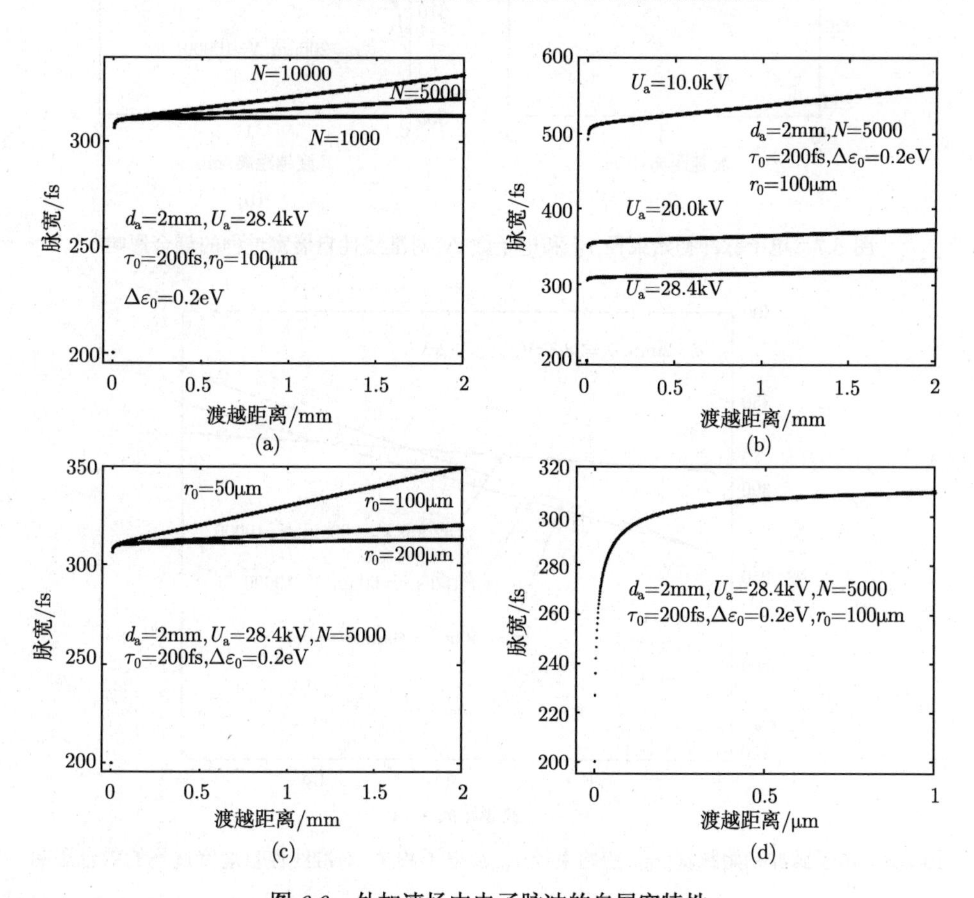

图 6.6 外加速场中电子脉冲的自展宽特性

反，提高外加速场电位则可显著抑制该脉冲展宽现象。图 6.7 和图 6.8 进一步说明了电子脉冲各初始参数对准线性自展宽过程的耦合影响。图 6.7(b) 为图 6.7(a) 的局部

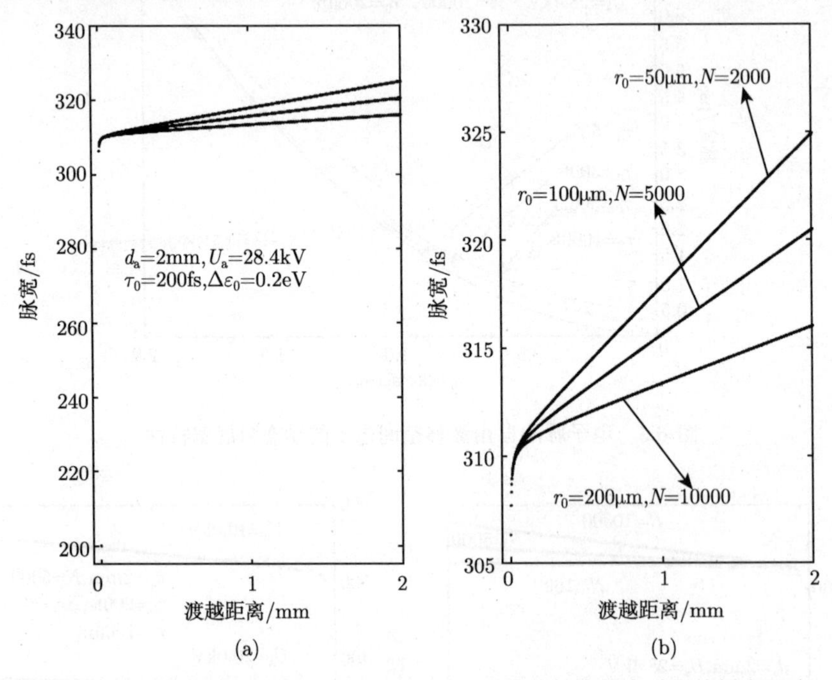

图 6.7　电子脉冲初始束径 r_0 和电子数 N 对准线性自展宽过程的耦合影响

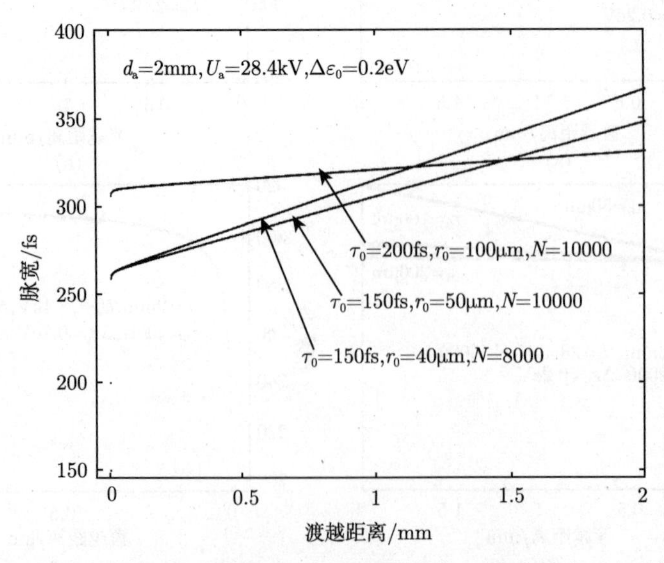

图 6.8　电子脉冲初始脉宽 τ_0、初始束径 r_0 及电子数 N 对准线性自展宽过程的耦合影响

放大图。可以发现，对于给定的初始脉冲宽度 τ_0，该过程脉冲展宽近似正比于参数 $N^{1.1}/r_0^2$，该值越大，脉冲自展宽现象越显著。而当 τ_0、r_0 和 N 均自由变化时，其自展宽过程特性的规律则很难把握，只能通过严格的模拟计算才能给出。

6.2 准线性对称型电子脉冲整形技术

6.2.1 差分能量调制

交变电场电子脉冲脉宽调制装置示意图如图 6.9 所示。该装置采用圆柱形轴对称结构，其核心部件为用以产生交变电场的谐振腔。交变电场谐振腔的一端面兼作阳极栅网，另一端面为调制栅网，触发信号通过信号触发器在谐振腔阳极栅网与调制栅网之间产生满足既定脉冲压缩要求的轴向交变电场。轴向均匀磁场 B 完成对电子脉冲的横向聚焦以抑制电子脉冲的横向弥散。阳极栅网与透射式光电阴极之间为静态均匀轴向加速电场区；阳极栅网和调制栅网之间为电子脉冲能量调制区，调制栅网和目标平面之间为电子脉冲无场漂移空间。交变电场区和无场漂移空间共同形成电子脉冲压缩空间。

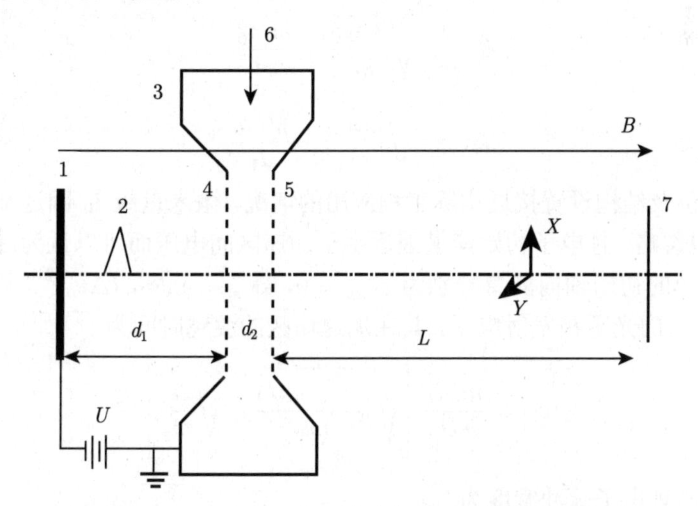

图 6.9 交变电场电子脉冲脉宽调制装置示意图

1-透射式光电阴极；2-电子脉冲；3-交变电场谐振腔；4-阳极栅网；5-调制栅网；6-信号触发器；7-目标平面

在电子脉冲传输过程中，导致其脉宽变化的主要因素有：电子脉冲内部电子初速度方面的差异 [26−30]；其内部空间电荷效应对脉冲前后沿电子作用力性质上的差异——前沿电子受到加速作用而后沿电子受到减速作用。这两种差异使电子脉冲内部电子在传输相等距离后出现了渡越时间上的弥散，此即电子脉冲展宽。关于空间电荷效应电子脉冲展宽的计算，目前尚不存在解析的或较为简明的计算方法，因此为了更加清楚地阐述该装置的工作原理，此部分脉冲展宽在下面的论述中将暂时忽略。但据对空间电荷效应的已有理论及实验研究可知，其导致的脉冲展宽呈现良好的对称性 [31−34]，即脉冲前后沿具有几乎相等的展宽效应。这使得即使在计入空间电荷效应所致脉冲展宽的情况下，下面有关工作原理的论述依然成立。

在轴向磁场的聚焦约束作用下，电子运动可采用旁轴近似 [35−38]。则系统中电子轴向的运动方程为

$$\frac{\mathrm{d}^2 z}{\mathrm{d}t^2} = \eta \phi'(z) \tag{6.6}$$

Z 轴以透射式光阴极中心为原点且指向电子脉冲行进的方向。式中，z 表示电子在 t 时刻的轴向坐标；$\phi(z)$ 表示轴上 z 点的电位；$\eta = e/m_\mathrm{e}$ 为电子的荷质比。变换式 (6.6) 并积分可得

$$\left(\frac{\mathrm{d}z}{\mathrm{d}t}\right)^2 = 2\eta\left[\phi(z) - \phi(0)\right] + \left.\left(\frac{\mathrm{d}z}{\mathrm{d}t}\right)^2\right|_{t=0} \tag{6.7}$$

对于初始能量弥散为 $\Delta\varepsilon_0$，脉冲初始宽度为 τ_0 的矩形电子脉冲，其脉冲初始轴向长度 l_0 及最前沿与最后沿电子的初始速度差 Δv_0 分别为

$$l_0 = \tau_0\sqrt{\frac{2\Delta\varepsilon_0}{m_\mathrm{e}}} + \frac{\eta U \tau_0^2}{2d_1} \tag{6.8}$$

$$\Delta v_0 = \sqrt{\frac{2\Delta\varepsilon_0}{m_\mathrm{e}}} + \frac{\eta U \tau_0}{d_1} \tag{6.9}$$

考虑电位及结构设置接近实际工程应用的情况，微米量级 l_0 因远小于毫米量级 d_1 而可以忽略，且电子初始能量因远小于加速区间电压而可以认为脉冲最后沿与最前沿电子的初始轴向能量分别为 $\varepsilon_\mathrm{last} = 0$，$\varepsilon_\mathrm{first} = 0.5 m_\mathrm{e}(\Delta v_0)^2$。则对于初始轴向能量为 ε_i 的光阴极发射电子，其在加速场区的渡越时间为

$$t_1(\varepsilon_\mathrm{i}) = \frac{m_\mathrm{e} d_1}{eU}\left[\sqrt{\frac{2(\varepsilon_\mathrm{i} + eU)}{m_\mathrm{e}}} - \sqrt{\frac{2\varepsilon_\mathrm{i}}{m_\mathrm{e}}}\right] \tag{6.10}$$

那么阳极栅网处电子脉冲宽度为

$$\tau = t_1(\varepsilon_\mathrm{last}) - t_1(\varepsilon_\mathrm{first}) \tag{6.11}$$

在阴极–阳极栅网之间出现了脉冲展宽现象，即 $\tau > \tau_0$。显然，脉冲前沿电子相比后沿电子具有较小的飞行时间，即前沿电子先到达阳极栅网。据此可知，如果能够在阳极栅网处对电子脉冲前后沿电子施以差别性的速度调制，则可达到调制电子脉冲脉宽的目的。如果对前沿电子实施负能量调制，同时后沿电子受到正能量调制，如图 6.10 中的脉冲 τ_2，则加速场区展宽的电子脉冲经过一定渡越时间后会

因这种差别性速度调制而出现脉冲脉宽变窄的现象，即脉冲压缩。反之，则出现脉冲展宽现象，如脉冲 τ_1 所示。

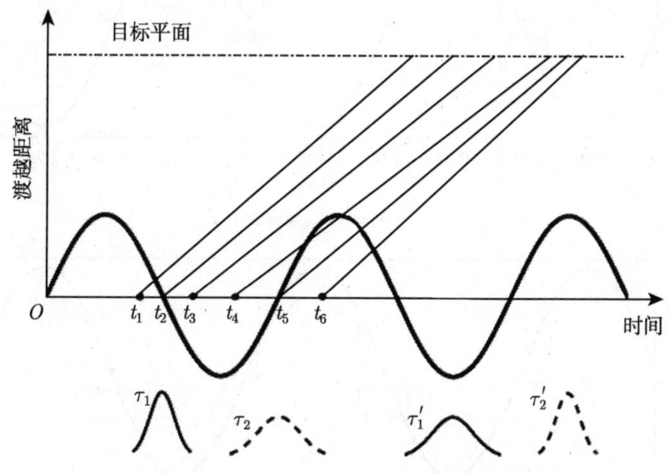

图 6.10 交变电场差别性能量调制原理

设轴向交变电压为 $U_{\mathrm{m}}(t) = -U_{\max}\sin(2\pi t/T_{\mathrm{m}})$，这里，电压正方向沿电子脉冲传播 Z 方向，$U_{\max}$ 为调制电压峰值，T_{m} 为调制电压周期，$t=0$ 对应于光阴极产生光电子脉冲的时刻。则初始轴向能量为 ε_{i} 的电子在图 6.9 所示系统中的渡越时间为

$$t(\varepsilon_{\mathrm{i}}) = t_{\mathrm{a}}(\varepsilon_{\mathrm{i}}) + t_{\mathrm{m}}(\varepsilon_{\mathrm{i}}) \tag{6.12}$$

$$t_{\mathrm{a}}(\varepsilon_{\mathrm{i}}) = \frac{m_{\mathrm{e}}d_1}{eU}\left[\sqrt{\frac{2(\varepsilon_{\mathrm{i}}+eU)}{m_{\mathrm{e}}}} - \sqrt{\frac{2\varepsilon_{\mathrm{i}}}{m_{\mathrm{e}}}}\right] \tag{6.13}$$

$$t_{\mathrm{m}}(\varepsilon_{\mathrm{i}}) = t_{\mathrm{b}}(\varepsilon_{\mathrm{i}}) + t_{\mathrm{c}}(\varepsilon_{\mathrm{i}}) \tag{6.14}$$

$$t_{\mathrm{b}}(\varepsilon_{\mathrm{i}}) = \frac{m_{\mathrm{e}}d_2}{eU_{\mathrm{m}}[t_1(\varepsilon_{\mathrm{i}})]}\left(\sqrt{\frac{2\{\varepsilon_{\mathrm{i}}+eU+eU_{\mathrm{m}}[t_1(\varepsilon_{\mathrm{i}})]\}}{m_{\mathrm{e}}}} - \sqrt{\frac{2(\varepsilon_{\mathrm{i}}+eU)}{m_{\mathrm{e}}}}\right) \tag{6.15}$$

$$t_{\mathrm{c}}(\varepsilon_{\mathrm{i}}) = \sqrt{\frac{m_{\mathrm{e}}L^2}{2\{\varepsilon_{\mathrm{i}}+eU+eU_{\mathrm{m}}[t_1(\varepsilon_{\mathrm{i}})]\}}} \tag{6.16}$$

由图 6.11 可知，为了对电子脉冲进行准线性对称调制压缩，必须使电子脉冲能量调制电压位于准线性电压变化区域内且使脉冲最前沿与最后沿电子受到的能量调制幅度相等。这里选定准线性电压变化区域为交变电压正负半峰值之间的区域 (在此区域内有 $\sin x \approx x$)。

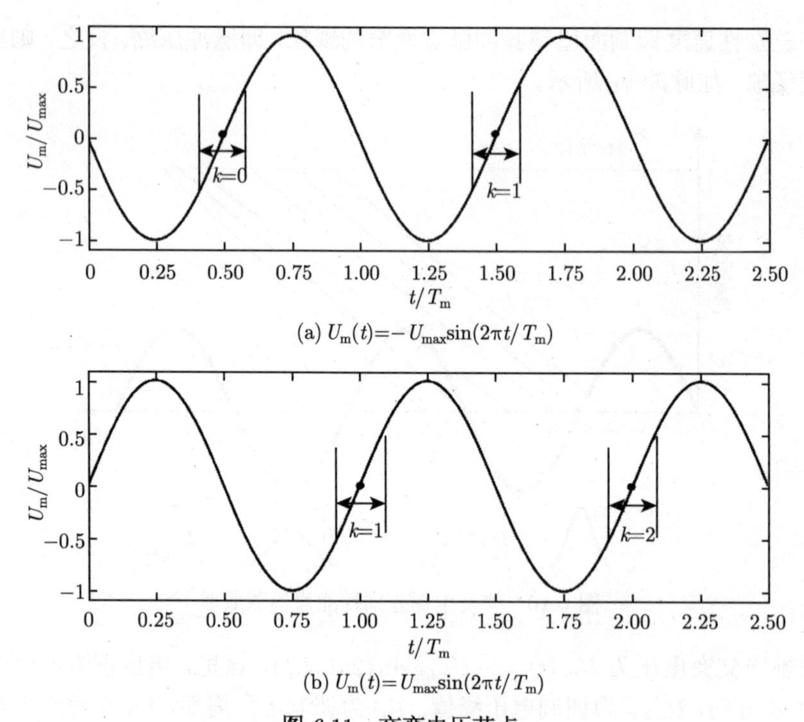

(a) $U_m(t)=-U_{max}\sin(2\pi t/T_m)$

(b) $U_m(t)=U_{max}\sin(2\pi t/T_m)$

图 6.11 交变电压节点

为了保证对称型调制的特点，需要满足的条件为

$$t_{\text{mid}} = \left(k + \frac{1}{2}\right) T_{\text{m}} \tag{6.17}$$

$$t_{\text{a}}(\varepsilon_{\text{first}}) \geqslant \left(k + \frac{5}{12}\right) T_{\text{m}} \tag{6.18}$$

式中，t_{mid} 为加速场区中电子脉冲的中心渡越时间；$k = 0, 1, 2, \cdots$ 为交变电压节点。联立式 (6.17) 与式 (6.18) 可得

$$k \leqslant \frac{6t_{\text{a}}(\varepsilon_{\text{first}}) - 5t_{\text{mid}}}{12\left[t_{\text{mid}} - t_{\text{a}}(\varepsilon_{\text{first}})\right]} \tag{6.19}$$

电子脉冲中电子的最短、最长及中心渡越时间分别为

$$t_{\min} = t_{\text{a}}(\varepsilon_{\text{first}}) \tag{6.20}$$

$$t_{\max} = t_{\text{a}}(\varepsilon_{\text{last}}) \tag{6.21}$$

$$t_{\text{mid}} = \frac{t_{\min} + t_{\max}}{2} \tag{6.22}$$

当轴向交变电压为其他形式，如 $U_{\mathrm{m}}(t)=U_{\max}\sin(2\pi t/T_{\mathrm{m}})$ 时，上述有关对称型能量调制的论述依然成立，但此时脉宽压缩调制与展宽调制的时间区间要互换。

6.2.2 脉宽调制幅度

为了求得电子脉冲脉宽的调制幅度，需要引入无能量调制情况下脉冲调制空间的渡越时间 $t_0(\varepsilon_{\mathrm{i}})$:

$$t_0(\varepsilon_{\mathrm{i}})=\sqrt{\frac{m_{\mathrm{e}}(L+d_2)^2}{2(\varepsilon_{\mathrm{i}}+eU)}} \tag{6.23}$$

在实际应用过程中，通常选择交变谐振腔的结构参数，使电子在能量调制区的渡越时间远小于电压 (即电场) 的交变周期，因此可认为某一时刻进入此区域的电子受到的电场作用是不变的。则在满足准线性对称调制压缩条件下，脉冲最前沿与最后沿的电子渡越时间变化为

$$\begin{aligned}\Delta t(\varepsilon_{\mathrm{first}})=&t_0(\varepsilon_{\mathrm{first}})-t_{\mathrm{m}}(\varepsilon_{\mathrm{first}})\\=&\sqrt{\frac{m_{\mathrm{e}}(L+d_2)^2}{2(\varepsilon_{\mathrm{first}}+eU)}}-\frac{m_{\mathrm{e}}d_2}{eU_{\mathrm{m}}(t_{\min})}\left\{\sqrt{\frac{2[\varepsilon_{\mathrm{first}}+eU+eU_{\mathrm{m}}(t_{\min})]}{m_{\mathrm{e}}}}\right.\\&\left.-\sqrt{\frac{2(\varepsilon_{\mathrm{first}}+eU)}{m_{\mathrm{e}}}}\right\}-\sqrt{\frac{m_{\mathrm{e}}L^2}{2[\varepsilon_{\mathrm{first}}+eU+eU_{\mathrm{m}}(t_{\min})]}}\end{aligned} \tag{6.24}$$

$$\begin{aligned}\Delta t(\varepsilon_{\mathrm{last}})=&t_0(\varepsilon_{\mathrm{last}})-t_{\mathrm{m}}(\varepsilon_{\mathrm{last}})\\=&\sqrt{\frac{m_{\mathrm{e}}(L+d_2)^2}{2(\varepsilon_{\mathrm{last}}+eU)}}-\frac{m_{\mathrm{e}}d_2}{eU_{\mathrm{m}}(t_{\max})}\left\{\sqrt{\frac{2[\varepsilon_{\mathrm{last}}+eU+eU_{\mathrm{m}}(t_{\max})]}{m_{\mathrm{e}}}}\right.\\&\left.-\sqrt{\frac{2(\varepsilon_{\mathrm{last}}+eU)}{m_{\mathrm{e}}}}\right\}-\sqrt{\frac{m_{\mathrm{e}}L^2}{2[\varepsilon_{\mathrm{last}}+eU+eU_{\mathrm{m}}(t_{\max})]}}\end{aligned} \tag{6.25}$$

则电子脉冲整体脉宽压缩幅度为

$$\Delta t=\Delta t(\varepsilon_{\mathrm{last}})-\Delta t(\varepsilon_{\mathrm{first}}) \tag{6.26}$$

在实际应用中，能量调制区轴向长度相对整个脉冲压缩区非常小，即 $d_2\ll L$，同时脉冲前后沿调制能量一般远大于电子的初始能量，因此式(6.24)与式(6.25)可分别近似为

$$\Delta t(\varepsilon_{\mathrm{first}})=\frac{LU_{\mathrm{m}}(t_{\min})}{2U}\sqrt{\frac{1}{2\eta U}} \tag{6.27}$$

$$\Delta t(\varepsilon_{\mathrm{last}})=\frac{LU_{\mathrm{m}}(t_{\max})}{2U}\sqrt{\frac{1}{2\eta U}} \tag{6.28}$$

而对称型调制条件意味着 $U_{\mathrm{m}}(t_{\max}) = -U_{\mathrm{m}}(t_{\min})$，式 (6.26) 即为

$$\Delta t = \frac{LU_{\mathrm{m}}(t_{\max})}{U}\sqrt{\frac{1}{2\eta U}} \tag{6.29}$$

6.2.3　分析实例

作为前述理论的补充，这里给出计算实例。具体的电子结构参数为：$U = 30\mathrm{kV}$，$d_1 = 3\mathrm{mm}$，$d_2 = 1\mathrm{mm}$，$L = 10\mathrm{mm}$，$\tau_0 = 150\mathrm{fs}$，$\Delta\varepsilon_0 = 0.2\mathrm{eV}$，$r_0 = 0.5\mathrm{mm}$。预期脉冲压缩幅度不小于 200fs。由给定参数可得电子脉冲在加速场区的参数 $t_{\min} = 5.8107\times10^{11}\mathrm{s}$，$t_{\max} = 5.8407\times10^{11}\mathrm{s}$，$t_{\mathrm{mid}} = 5.8207\times10^{11}\mathrm{s}$，同时可得电子脉冲到达能量调制区入口处的轴向速度 $v_{\mathrm{pulse}} \approx 1.02\times10^{8}\mathrm{m/s}$，则电子脉冲在能量调制区的渡越时间 $t \approx 1.0\times10^{-11}\mathrm{s}$。对称型压缩调制满足的条件即为上述调制电压 $U_{\mathrm{m}}(t) = -U_{\max}\sin(2\pi t/T_{\mathrm{m}})$ 情形下展宽调制的关系式，可得 $k \leqslant 31$，部分结果见表 6.1，这里取 $k = 31$。电子脉冲最前沿和最后沿电子的调制电压分别为 $0.50U_{\max}$ 和 $-0.50U_{\max}$。根据脉冲压缩量值关系式 $\Delta t \geqslant 200\mathrm{fs}$，可得 $U_{\max} \geqslant 120\mathrm{V}$，这里设定 $U_{\max} = 120\mathrm{V}$。

表 6.1　$U_{\mathrm{m}}(t) = -U_{\max}\sin(2\pi t/T_{\mathrm{m}})$ 交变电场节点的选择

k	$T_{\mathrm{m}}/(\times10^{-12}\mathrm{s})$	$t_1(\varepsilon_{\mathrm{first}})/T_{\mathrm{m}}$	$t_1(\varepsilon_{\mathrm{last}})/T_{\mathrm{m}}$
31	1.8494	31.4189	31.5811
25	2.2846	25.4343	25.5657
20	2.8418	20.4472	20.5528
15	3.7585	15.4601	15.5399
10	5.5483	10.4730	10.5270
5	10.5922	5.4858	5.5142
0	116.5140	0.4987	0.5013

在上述电位及结构设置条件下，交变电场电子脉冲脉宽压缩轨迹如图 6.12 所示。由图 6.12 可知，由于光电子初始能量弥散，$\tau_0 = 150\mathrm{fs}$ 的初始电子脉冲脉宽在加速场区距离光阴极约 0.1mm 的范围内迅速展宽为 $\tau = 300\mathrm{fs}$；而在速度调制区和漂移区组成的脉冲压缩空间，电子脉冲被调制压缩为 $\tau' = 100\mathrm{fs}$，压缩幅度为 200fs。脉冲最前沿与最后沿电子时间–轴向位移关系如图 6.13 所示，其中，图 6.13(a)~(c) 分别位于光阻极–阳极加速区域、能量调制区和脉宽压缩区。由图 6.13 易知，在加速区域，脉冲前后沿相对轴向距离随着渡越时间的增加而增加，因此出现了脉冲展宽；在能量调制区，较弱的调制效应导致了脉冲压缩现象，但相对加速区域脉冲宽度变化不明显；在脉宽压缩区，出现了显著的脉冲压缩效应。

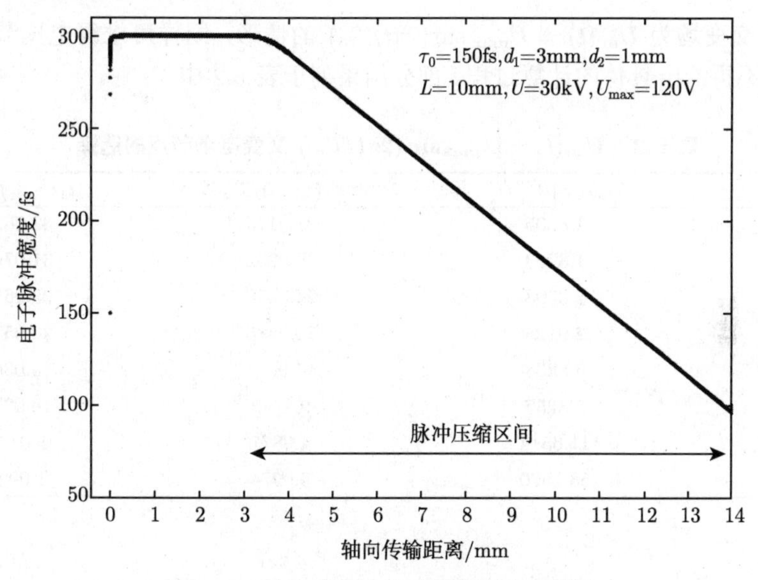

图 6.12 交变电场电子脉冲脉宽压缩轨迹

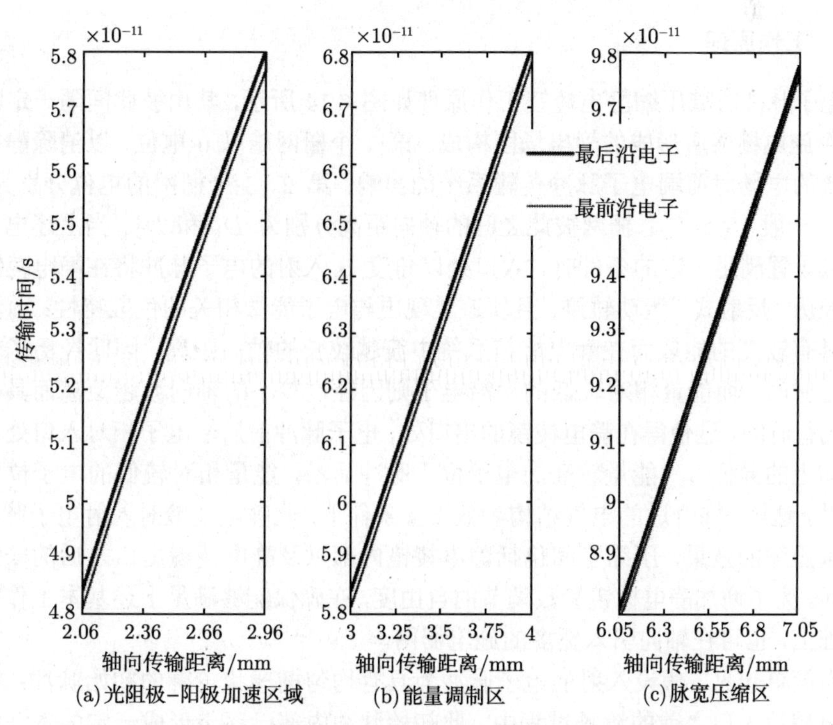

图 6.13 脉冲最前沿与最后沿电子时间–轴向位移关系

对于交变场为 $U_{\mathrm{m}}(t) = U_{\max}\sin(2\pi t/T_{\mathrm{m}})$ 的情形，同样可求得电压节点 $k \leqslant 32$，这里不再给出具体的计算过程。部分结果列于表 6.2 中。

表 6.2 $U_{\mathrm{m}}(t) = U_{\max}\sin(2\pi t/T_{\mathrm{m}})$ 交变电场节点的选择

k	$T_{\mathrm{m}}/(\times10^{-12}\mathrm{s})$	$t_1(\varepsilon_{\mathrm{first}})/T_{\mathrm{m}}$	$t_1(\varepsilon_{\mathrm{last}})/T_{\mathrm{m}}$
32	1.8205	31.9176	32.0824
31	1.8793	30.9202	31.0798
25	2.3303	24.9356	25.0644
20	2.9128	19.9485	20.0515
15	3.8838	14.9614	15.0386
10	5.8257	9.9742	10.0258
5	11.6514	4.9871	5.0129
1	58.2570	0.9974	1.0026

6.3 电子脉冲时域压缩静电棱镜整形技术

6.3.1 工作原理

电子脉冲时域压缩静电棱镜工作原理如图 6.14 所示，其由彼此间隔一定距离的 3 个施电栅网所形成的静电场区构成。第 1 个栅网施以 0 电位，以消除静电棱镜系统的电场对前端电子脉冲传输系统的影响；第 2、3 个栅网的电位分别为 U_1 和 U_2，一般 $U_1 > U_2$；栅网彼此之间的轴向距离分别为 D_1 和 D_2。当上述电气结构参数设置满足一定的条件时，入口处以角度 α 入射的电子脉冲将在静电棱镜系统中经历“反射式”运动轨迹，且轨迹呈现出与电子能量相关的色散特性：前沿电子因具有较高的能量而在静电棱镜系统中渡越较长的轴向距离，因此经历了较长的飞行时间；而能量相对较低的后沿电子则因经过较小的轴向渡越距离而具有较短的飞行时间。这使得在静电棱镜的出口处，电子脉冲前后沿电子相对入口处将出现空间上的异位——能量较高的电子位于脉冲后沿，能量相对较低的电子位于脉冲前沿。这样，在合适的电气结构参数设置条件下，此静电棱镜对入射电子脉冲具有双重压缩的效果，压缩空间包括静电棱镜内部以及静电棱镜出口之后的一定渡越空间。为了增加静电棱镜参数调节的自由度，在确保能够满足上述基本工作原理的基础上，也可在轴向引入更多的施电栅网。

为简单起见，假设入射的电子脉冲为具有均匀椭球状轮廓的初始脉冲；在到达静电棱镜入口之前的渡越过程中，此初始脉冲内部已逐步形成一定的本征时间分布 $t'(v)$；在入口处，电子脉冲的脉宽、平均渡越能量及能量弥散分别为 τ、ε 和 $\Delta\varepsilon$。同时，选择脉冲最前沿电子到达入口处的时间为 $t = 0$。考虑图 6.14 所示的静电棱镜，为了确保电子脉冲在其中完全反射，必须满足：

$$-eU_2 \geqslant (\varepsilon + 0.5\Delta\varepsilon)\cos^2\alpha \tag{6.30}$$

式中，e 为电子电荷。设整个电子脉冲中电子到达静电棱镜出口处的最长及最短飞行时间为 $t_{\max}$ 和 $t_{\min}$，则系统实现电子脉冲压缩的条件为

$$0 < t_{\max} - t_{\min} < \tau \tag{6.31}$$

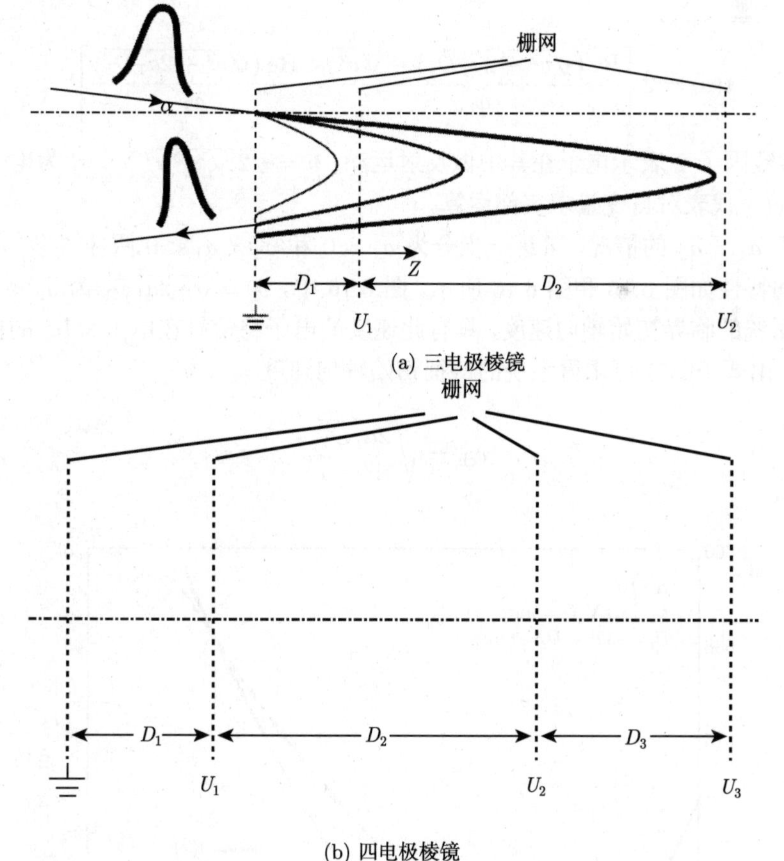

(a) 三电极棱镜

(b) 四电极棱镜

图 6.14 电子脉冲时域压缩静电棱镜工作原理

6.3.2 工作模式分类

下面分析其棱境特性。图 6.14(a) 中，两个电场区中电子的加速度分别为 (以图中向右为正方向)

$$a_1 = \frac{eU_1}{m_e D_1} \tag{6.32}$$

$$a_2 = \frac{e(U_2 - U_1)}{m_e D_2} \tag{6.33}$$

式中，m_e 为电子质量。一般情况下，总有 $a_1 \neq 0$，$a_2 < 0$。对于位于静电棱镜系统入口处的初始轴向速度为 v 的电子，其在系统中的轴向飞行距离 $s(v)$ 和相应的飞行时间 $t(v)$ 分别为

$$s(v) = 2\left\{\frac{\left[\text{Re}\left(\sqrt{v^2+2a_1D_1}\right)\right]^2 - v^2}{2a_1} - \frac{\left[\text{Re}\left(\sqrt{v^2+2a_1D_1}\right)\right]^2}{2a_2}\right\} \tag{6.34}$$

$$t(v) = 2\left[\frac{\text{Re}\left(\sqrt{v^2+2a_1D_1}\right) - \sqrt{v^2}}{a_1} - \frac{\text{Re}\left(\sqrt{v^2+2a_1D_1}\right)}{a_2}\right] \tag{6.35}$$

式中，常数因子 2 表示电子在其中做反射运动；$v = \sqrt{2\varepsilon_i \cos^2\alpha / m_e}$，$\varepsilon_i$ 为电子初始动能；$\text{Re}(\cdot)$ 代表对自变量求实部运算。

对于 $a_1 > a_2$ 的情况，可进一步分为 $a_1 > 0$ 和 $a_2 < a_1 < 0$ 两种情形，其电子飞行时间特性如图 6.15 和图 6.16 所示。图 6.16 中，$v_c = \sqrt{-2a_1D_1}$ 为 $a_2 < a_1 < 0$ 条件下系统的临界初始轴向速度，具有此速度的电子将恰好在电压为 U_1 的栅网处被反射。由式 (6.35) 可求得系统的特征初始轴向速度 v_{ch} 为

$$v_{ch} = \sqrt{\frac{2a_1D_1}{A^2 - 1}} \tag{6.36}$$

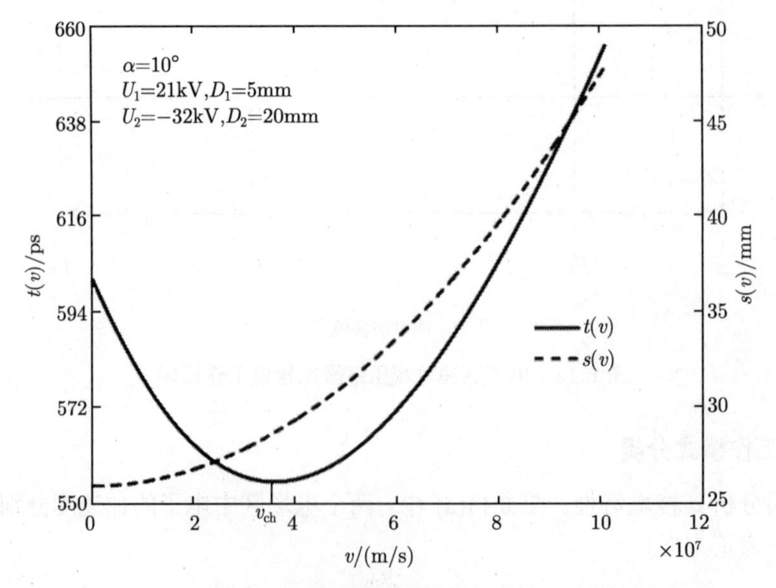

图 6.15　$a_1 > 0$ 条件下静电棱镜中的电子参数 $t(v)$ 和 $s(v)$ 变化

式中，$A=(a_2-a_1)/a_2$。由图 6.15 和图 6.16 可知，此时 $t(v)$ 随 v 非单调性变化，初始轴向速度较大的电子虽具有较长的轴向飞行距离，但不一定具有较长的飞行时间。将这种特性称为静电棱镜的负棱镜特性，该模式称为 e 模式。当满足条件 $a_1\leqslant a_2$ 时，$t(v)$ 和 $s(v)$ 为 v 的单调递增函数，如图 6.17 所示。相应地，这种特性称为静电棱镜的正棱镜特性，该模式为 o 模式。

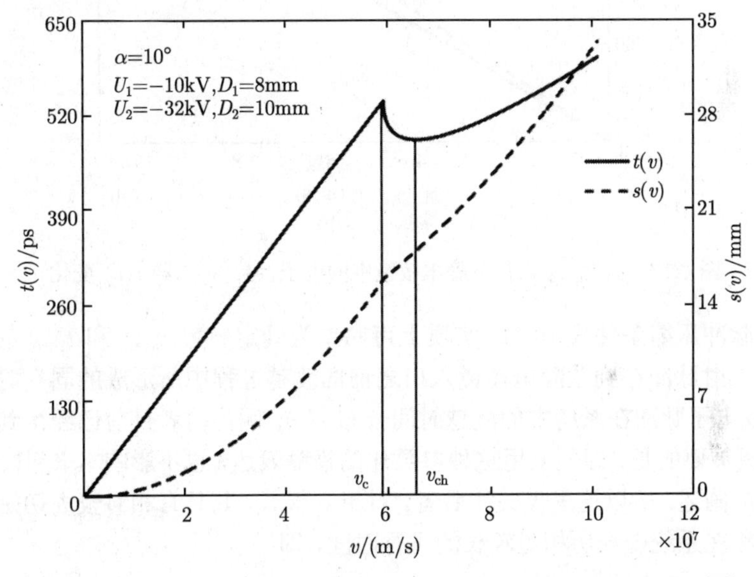

图 6.16 $a_2<a_1<0$ 条件下静电棱镜中的电子参数 $t(v)$ 和 $s(v)$ 变化

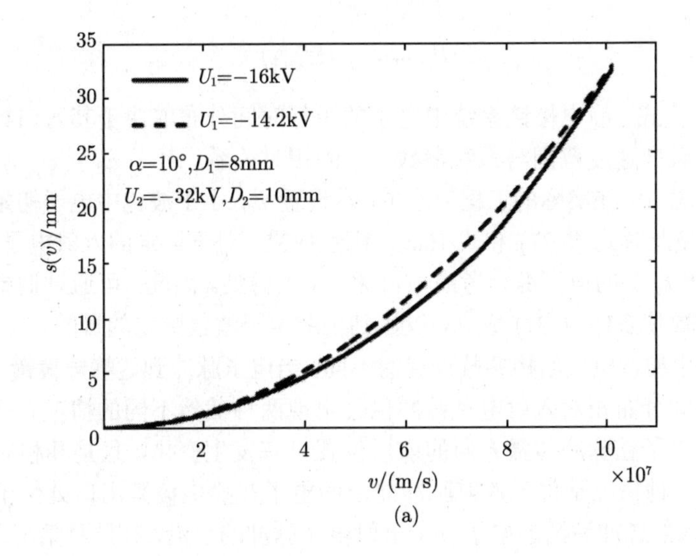

(a)

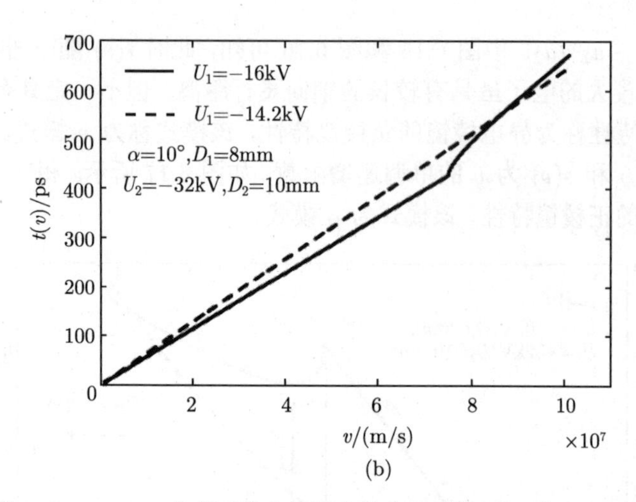

(b)

图 6.17 $a_1 \leqslant a_2$ 条件下静电棱镜中的电子参数 $s(v)$ 和 $t(v)$ 变化

电子脉冲压缩条件式 (6.31) 实质上可归结为确定参数 $t_{\max}$ 和 $t_{\min}$ 的值，这其中包含入射脉冲在到达静电棱镜入口之前的渡越过程中所形成的固有时间分布 $t'(v)$，以及电子脉冲在系统中的渡越时间分布 $t(v)$。因为前者目前已经得到了深入的分析，更重要的是，即便采用这种参数化的模糊表达，也不影响本书对静电棱镜通用理论的阐述，所以这里仅关注后者。对于 o 模式，其具有相对较大初始轴向速度的电子将在系统中经历相对较长的飞行时间，即

$$t(v)_{\max} = t(\varepsilon_{\text{first}}) \tag{6.37}$$

$$t(v)_{\min} = t(\varepsilon_{\text{last}}) \tag{6.38}$$

对于 e 模式，静电棱镜系统中电子的飞行时间分布取决于其入口处电子波包中电子初始轴向速度范围与系统参数 v_{ch} 的相对关系。对于 $a_2 < a_1 < 0$ 的情形，还要同时考虑 v_{c}。在实际的工程应用中，常设置 v_{ch} 小于波包中电子初始轴向速度的下限，以使此时式 (6.37) 和式 (6.38) 仍然成立。对于给定的入射电子脉冲参数，参数 $t_{\max}$ 和 $t_{\min}$ 的值可综合考虑 $t(v)$ 和 $t'(v)$ 得到。因此，可通过调整静电棱镜电气结构参数使条件 (6.31) 成立，以达到压缩电子波包脉宽的目的。

根据静电棱镜电气结构参数设置的不同，当电子脉冲到达静电棱镜出口时，其内部电子空间分布相对入射电子脉冲也会出现两种截然不同的情况。一种情况是脉冲内部各电子在脉冲传播方向的前后位置没有发生变化，只是其相对位置发生了变化。另一种情况是位于入射脉冲前沿的电子在静电棱镜出口处位于脉冲的后沿，而位于入射脉冲后沿的电子位于出射电子脉冲的前沿。在这种情况下，当电子脉冲从静电棱镜系统出射后，前后沿电子速度上的差异将使电子脉冲具有自压缩

效应。对于第一种情况，其电子运动时间的两个峰值分别为

$$t_{\min} = t(\varepsilon_{\text{last}}) + \tau \tag{6.39}$$

$$t_{\max} = t(\varepsilon_{\text{first}}) \tag{6.40}$$

而对于第二种情况，有

$$t_{\max} = t(\varepsilon_{\text{last}}) + \tau \tag{6.41}$$

$$t_{\min} = t(\varepsilon_{\text{first}}) \tag{6.42}$$

因此式 (6.31) 在这两种情况下可分别写为

$$\tau < t(\varepsilon_{\text{first}}) - t(\varepsilon_{\text{last}}) < 2\tau \tag{6.43}$$

$$0 < t(\varepsilon_{\text{first}}) - t(\varepsilon_{\text{last}}) < \tau \tag{6.44}$$

对于 o 模式，电位参数 U_1 对电子脉冲最前沿与最后沿电子飞行时间差的影响如图 6.18 所示。由图 6.18 可知正电位更有利于电子脉冲压缩。

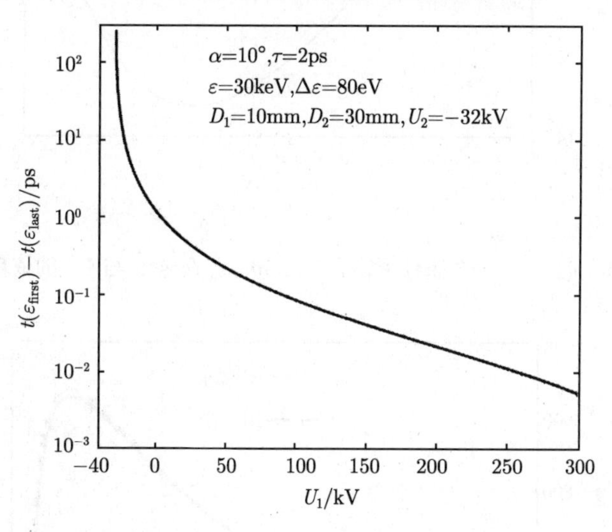

图 6.18　o 模式下电位参数 U_1 对电子飞行时间差 $t(\varepsilon_{\text{first}}) - t(\varepsilon_{\text{last}})$ 的影响

6.3.3　分析实例

设静电棱镜入口处的电子脉冲为平顶脉冲，入射角度为 10°，静电棱镜入口处的脉冲宽度为 2ps，脉冲平均能量为 30keV，能量弥散量为 80eV，最后一个栅网的电位 U_2 为 −32kV。如果固定两个均匀电场区的轴向长度，则该技术的脉冲压缩特性由中间栅网的电位 U_1 唯一确定。

如果设定 $D_1 = D_2 = 10\text{mm}$ 且要求电位 U_1 为负电位，则静电棱镜系统中电子脉冲飞行时间的色散关系以及脉冲压缩特性如图 6.19 和图 6.20 所示。由图 6.20 可知，当电位 U_1 的变化范围为 $-21 \sim 0\text{kV}$ 时 (图 6.20(b) 中标记为 1 的范围)，入射电子脉冲前后沿电子在静电棱镜出口处没有出现移位的现象；而当 U_1 为 $-24.3\sim -21\text{kV}$ 时 (图 6.20(b) 中标记为 2 的范围)，入射电子脉冲前后沿电子在静电棱镜出口处将出现移位现象。同样，这里需要指出的是，当电位 U_1 的值取 -29kV 时，整个电子脉冲将在第一个场区中完成 U 形反射运动，也就是说此时第二个场区并没有起到作用。

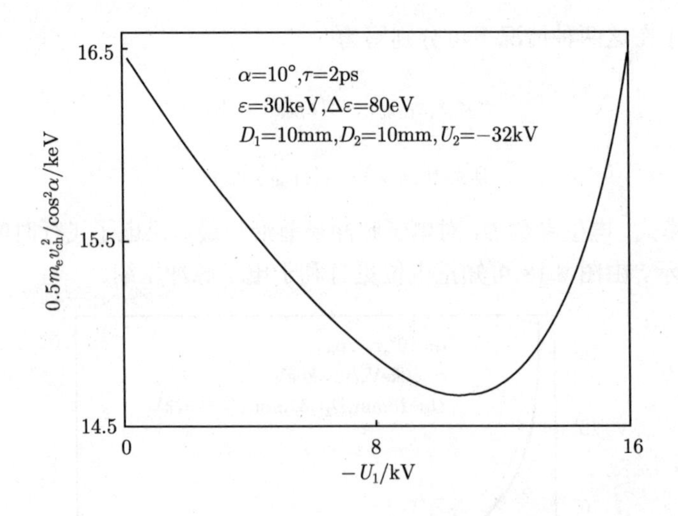

图 6.19 $a_2 < a_1 < 0$ 条件下，$\varepsilon_{\text{ch}} = 0.5m_{\text{e}}v_{\text{ch}}^2/\cos^2\alpha$ 与 U_1 的依赖关系

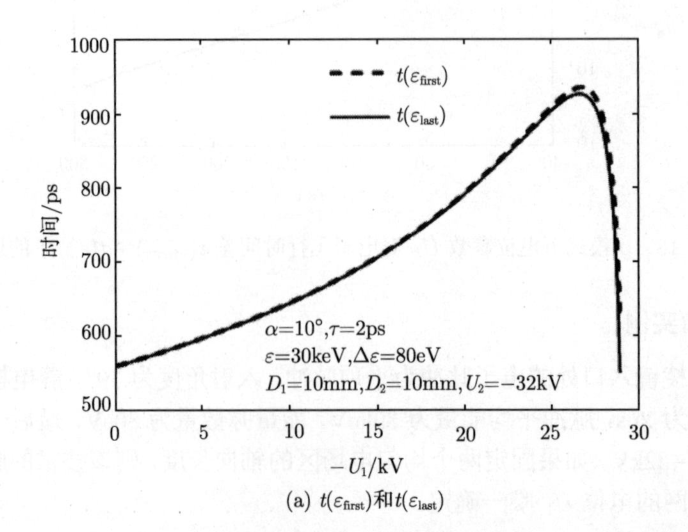

(a) $t(\varepsilon_{\text{first}})$和$t(\varepsilon_{\text{last}})$

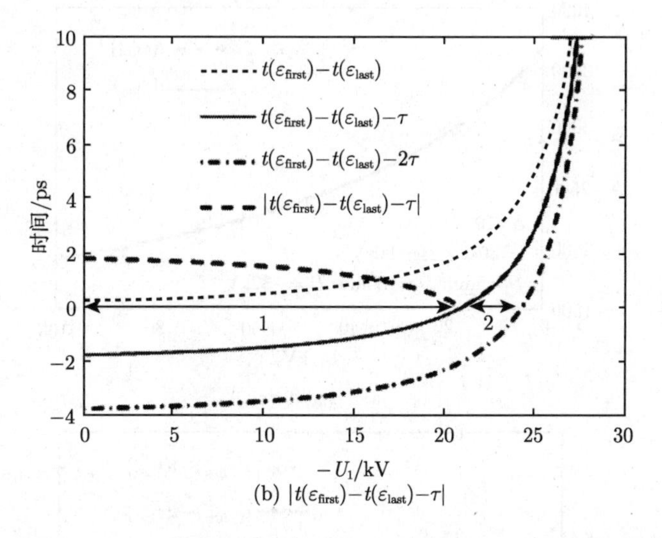

(b) $|t(\varepsilon_{\rm first})-t(\varepsilon_{\rm last})-\tau|$

图 6.20 $a_1 < 0$ 条件下静电棱镜出口处各参数对 U_1 的依赖关系

如果设定 $D_1 = 5\text{mm}$、$D_2 = 100\text{mm}$ 且要求电位 U_1 为正电位，则静电棱镜系统中，不同条件下静电棱镜系统各参数对 U_1 的依赖关系如图 6.21 和图 6.22 所示。由图 6.22 可知，当电位 U_1 的变化范围为 23~100kV 时 (图 6.22(b) 中标记为 1 的范围)，入射电子脉冲前后沿电子在静电棱镜出口处没有出现移位的现象，而当 U_1 位于 3.3~23kV 时 (图 6.22(b) 中标记为 2 的范围)，入射电子脉冲前后沿电子在静电棱镜出口处将出现移位现象。这里需要指出的是，电位 U_1 可取高于 100kV 的值，只是此实例中考虑的范围为 0~100kV。

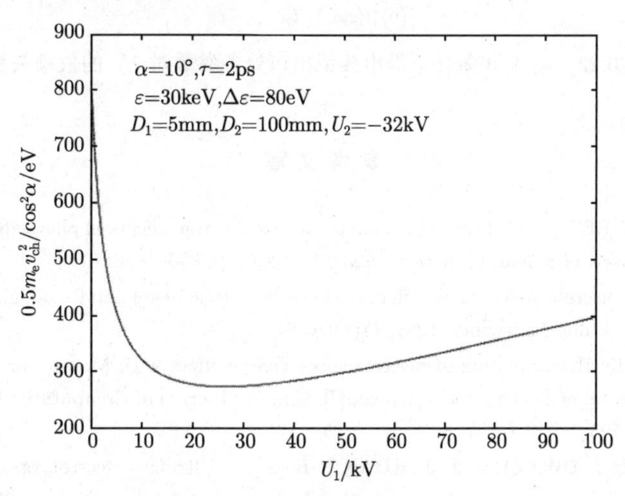

图 6.21 $a_1 > 0$ 条件下 $\varepsilon_{\rm ch} = 0.5m_{\rm e}v_{\rm ch}^2/\cos^2\alpha$ 与 U_1 的依赖关系

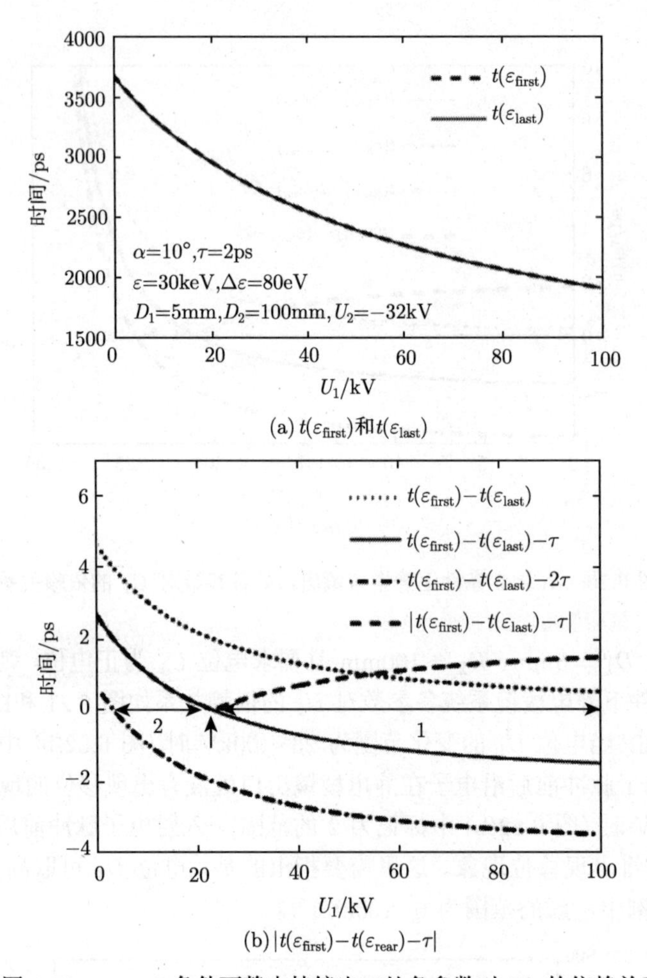

(a) $t(\varepsilon_{\text{first}})$和$t(\varepsilon_{\text{last}})$

(b) $|t(\varepsilon_{\text{first}})-t(\varepsilon_{\text{rear}})-\tau|$

图 6.22 $a_1 > 0$ 条件下静电棱镜出口处各参数对 U_1 的依赖关系

参 考 文 献

[1] NIU H, SIBBETT W. Theoretical analysis of space-charge effects in photochron streak cameras[J]. Review of Scientific Instruments, 1981, 52(12):1830–1836.

[2] TANG T. Discrete space charge effect in charged particle beam and its calculation[J]. Journal of Xi'an Jiaotong University, 1984, 18(1):76–85.

[3] LEI W, YIN H. Simulation of discrete space charge effect with Monte Carlo method in the transportation of electron and ion beam[J]. Chinese Journal of Computational Physics, 1997, 14(6):787–795.

[4] SIWICK B J, DWYER J R, JORDAN R E, et al. Ultrafast electron optics: Propagation dynamics of femtosecond electron packets[J]. Journal of Applied Physics, 2002, 92(3):1643–1649.

[5] QIAN B L, ELSAYED-ALL H E. Electron pulse broadening due to space charge effects in a photoelectron gun for electron diffraction and streak camera systems[J]. Journal of Applied Physics, 2002, 91(1):462–469.

[6] WANG Y H, GEDIK N. Electron pulse compression with a practical reflectron design for ultrafast electron diffraction[J]. IEEE Journal of Selected Topics in Quantum Electronics, 2012, 18(1):140–147.

[7] QIAN B L, ELSAYED-ALI H E. Acceleration element for femtosecond electron pulse compression[J]. Physical Review E, 2002, 65: 046502-1–046502-6.

[8] QIANG J, BYRD J M, FENG J, et al. X-ray streak camera temporal resolution improvement using a longitudinal time-dependent field[J]. Nuclear Instruments & Methods in Physics Research, Section A: Accelerators, Spectrometers, Detectors, and Associated Equipment, 2009, 598: 465–469.

[9] BAUM P, ZEWAIL A H. Breaking resolution limits in ultrafast electron diffraction and microscopy[J]. Proceedings of the National Academy of Sciences of the United States of America, 2006, 103(43): 6105–6110.

[10] KUBICKI A A, BOJARSKI P, GRINBERG M, et al. Time-resolved streak camera with solid state laser and optical parametric generator in different spectroscopic applications[J]. Optics Communications, 2006, 263: 275–280.

[11] RECKENTHAELER P, CENTURION M, FUB W, et al. Time-resolved electron diffraction from selectively aligned molecules[J]. Physical Review Letters, 2009, 102: 213001/1–213001/4.

[12] FRUHLING U, WIELAND M, GENSCH M, et al. Single-shot terahertz-field-driven X-ray streak camera[J]. Nature Photonics, 2009, 3: 523–528.

[13] SCIAINI G, MILLER R J D. Femtosecond electron diffraction: Heralding the era of atomically resolved dynamics[J]. Reports on Progress in Physics, 2011, 74: 096101-1–096101-36.

[14] VARTAK S D, LAWANDY N M. Breaking the femtosecond barrier: a method for generating attosecond pulses of electrons and photons[J]. Optics Communications, 1995, 120 (3): 184–188.

[15] JAANIMAGI P A, BRADLEY D K,DUFF J, et al. Time-resolving x-ray diagnostics for ICF(invited)[J]. Review of Scientific Instruments, 1988, 59 (8): 1854–1859.

[16] SIBBETT W, NIU H,BAGGS M R. Photochron IV subpicosecond streak image tube[J]. Review of Scientific Instruments, 1982, 53 (6): 758–761.

[17] NIU L H, YANG Q L, NIU H B, et al. A wide dynamic range x-ray streak camera system[J]. Review of Scientific Instruments, 2008, 79(2): 023103-1–023103-4.

[18] KANG H S, KIM G. Femtosecond electron beam bunch compression by using an alpha magnet and a chicane magnet at the PAL test linac[J].Journal of the Korean Physical Society, 2004, 44 (5) 1223–1228.

[19] FILL E, VEISZ L, APOLONSKI A, et al. Sub-fs electron pulses for ultrafast electron diffraction[J]. New Journal of Physics, 2006, 8: 272-1–272-11.

[20] UESAKA M, TAUCHI K, KOZAWA T, et al. Generation of a subpicosecond relativistic electron single bunch at the S-band linear accelerator[J]. Physical Review E, 1994, 50(4): 3068–3076.

[21] REED B W. Femtosecond electron pulse propagation for ultrafast electron diffraction[J].

Journal of Applied Physics, 2006, 100 (3) 034916-1–034916-16.

[22] 康铁凡，王超，雷晓梅，等. 外场中电子脉冲的离散自展宽特性 [J]. 真空科学与技术学报，2017, 37(8): 781–785.

[23] 唐天同. 应用带电粒子光学引论 [M]. 西安：西安交通大学出版社, 1986.

[24] 王超，康铁凡，唐天同. 变像管相机中空间电荷效应的统计动力学分析 [J]. 强激光与粒子束，2008, 20(8): 1387–1391.

[25] 王超，田进寿，康铁凡，等. 超短电子脉冲展宽的外场依赖性分析 [J]. 真空科学与技术学报，2013, 33(2): 120–125.

[26] VEISZ L, KURKIN G, CHERNOV K, et al. Hybrid dc-ac electron gun for fs-electron pulse generation[J]. New Journal of Physics, 2007, 9 (7): 451-1–451-17.

[27] GAHLMANN A, TAE P S, ZEWAIL A H. Ultrashort electron pulses for diffraction, crystallography and microscopy: Theoretical and experimental resolutions[J]. Physical Chemistry Chemical Physics, 2008, 10: 2894–2909.

[28] GHOSN S, BONI R, JAANIMAGI P A. Optical and x-ray streak camera gain measurements[J]. Review of Scientific Instruments, 2004, 75(10): 3956–3958.

[29] HILBERT S A, UITERWAAL C, BARWICK B, et al. Temporal lenses for attosecond and femtosecond electron pulses[J]. Proceedings of the National Academy of Sciences of the United States of America, 2009, 106 (26): 10558–10563.

[30] KASSIER G H, HAUPT K, ERASMUS N, et al. Achromatic reflectron compressor design for bright pulses in femtosecond electron diffraction[J]. Journal of Applied Physics, 2009, 105: 113111-01–113111-10.

[31] GUIDI V, NOVOKHATSKY A V. A proposal for a radio-frequency-based streak camera with time resolution less than 100fs[J]. Measurement Science and Technology, 1995, 6 (11): 1555–1556.

[32] KANG Y F, YUN G Q, FU Z T, et al. Technique of symmetric type quasi-linear electron pulse duration modulation[J]. Optik, 2012, 124: 3498–3502.

[33] GAO M, JEAM-RUEL H, COONEY R R, et al. Full characterization of RF compressed femtosecond electron pulses using ponderomotive scattering[J]. Optics Express, 2012, 20(11): 12048–12058.

[34] GLISERIN A, APOLONSKI A, KRAUSZ F, et al. Compression of single-electron pulses with a microwave cavity[J]. New Journal of Physics, 2012, 14: 073055-1–073055-17.

[35] 王超，康铁凡，唐天同. 抑制超短电子脉冲展宽的补偿方法[J]. 强激光与粒子束，2008, 20(9): 1551–1554.

[36] WEN W, LEI X, HU X, et al. Femtosecond electron pulse compression by using the time focusing technique in ultrafast electron diffraction[J]. Chinese Physice B, 2011, 20(11): 114102.

[37] WANG C, KANG Y. Double-mode electrostatic dispersing prism for electron pulse time-domain compression[J]. Optik, 2014, 125: 6352–6356.

[38] 王超，李昊，田进寿. 一种紧凑型电子脉冲脉宽对称调制技术[J]. 强激光与粒子束，2014, 26(3): 235–239.

附录　双向式折射型飞行时间电子能谱仪系统 o、e 模式下磁场参数的确定

对于 o 模式，第 2 章已说明磁场参数 B 设置的约束条件为

$$t_{\min}=t(\varepsilon_{\rm i}=\varepsilon_{\max},\theta_{\rm i}=0)\geqslant(k-1)T \tag{A.1}$$

$$t_{\max}=t(\varepsilon_{\rm i}=\varepsilon_{\min},\theta_{\rm i}=\theta_{\rm c}(\varepsilon_{\min}))\leqslant kT \tag{A.2}$$

式中，$\theta_{\rm c}(\varepsilon_{\min})$ 满足:

$$\sin\theta_{\rm c}(\varepsilon_{\min})=\frac{eR_0B}{2\sqrt{2m_{\rm e}\varepsilon_{\min}}} \tag{A.3}$$

由式 (A.1) 可得

$$B\geqslant(k-1)\frac{2\pi m_{\rm e}}{et_{\min}} \tag{A.4}$$

即

$$B_{\min}=(k-1)\frac{2\pi m_{\rm e}}{et_{\min}} \tag{A.5}$$

由第 2 章中关于电子飞行时间的色散关系可得

$$t_{\max}=2\left[-\frac{1}{a_1}\sqrt{\frac{2\varepsilon_{\min}}{m_{\rm e}}\cos^2\theta_{\rm c}(\varepsilon_{\min})}+\frac{A}{a_1}\sqrt{\frac{2\varepsilon_{\min}}{m_{\rm e}}\cos^2\theta_{\rm c}(\varepsilon_{\min})+2na_1L}\right] \tag{A.6}$$

则式 (A.2) 可整理为

$$f[\theta_{\rm c}(\varepsilon_{\min})]\leqslant 0 \tag{A.7}$$

$$f[\theta_{\rm c}(\varepsilon_{\min})]=-\sin\theta_{\rm c}(\varepsilon_{\min})\cos\theta_{\rm c}(\varepsilon_{\min})+A\sin\theta_{\rm c}(\varepsilon_{\min})\sqrt{\cos^2\theta_{\rm c}(\varepsilon_{\min})+C_{\rm o}}-D_{\rm o}$$

其中

$$C_{\rm o}=\frac{nm_{\rm e}a_1S}{\varepsilon_{\min}},\quad D_{\rm o}=\frac{k\pi a_1Rm_{\rm e}}{4\varepsilon_{\min}}$$

$k=3$ 时函数 $f\left[\theta_{\rm c}(\varepsilon_{\min})\right]$ 曲线如图 A.1 所示，则式 (A.7) 等价于

$$\theta_{\rm c}(\varepsilon_{\min})\leqslant\theta_{\rm czero}(\varepsilon_{\min}) \tag{A.8}$$

由式 (A.3) 可得

$$B=\frac{2\sqrt{2m_{\rm e}\varepsilon_{\min}}\sin\theta_{\rm c}(\varepsilon_{\min})}{eR_0} \tag{A.9}$$

则易知式 (A.2) 决定着磁场参数的最大值 $B_{\max}$：

$$B_{\max} = \frac{2\sqrt{2m_e\varepsilon_{\min}}\sin\theta_{\text{czero}}(\varepsilon_{\min})}{eR} \tag{A.10}$$

据此方法即可确定不同磁节点域时磁场参数的允许范围。

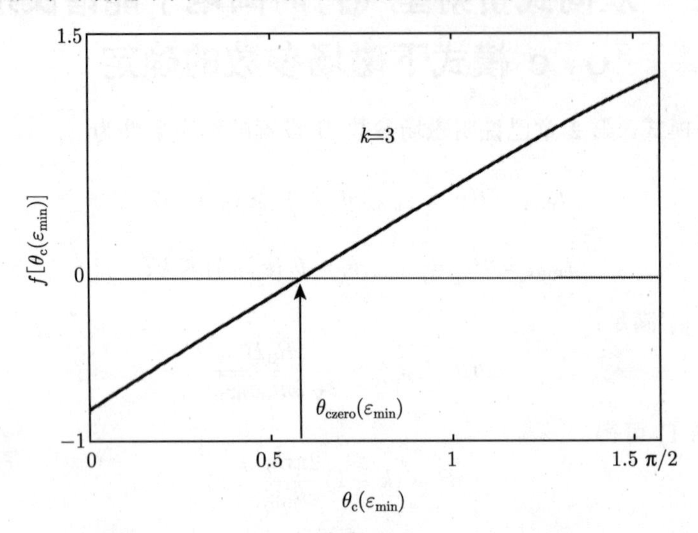

图 A.1 $f[\theta_c(\varepsilon_{\min})]$ 曲线 ($\theta_{\text{czero}}(\varepsilon_{\min}) = 0.5864$)

e 模式下的磁场设置方法与此相同。